海底电缆
制造与施工技术

主　编　万建成

副主编　徐　静

参　编　郑新龙　周则威　岳　浩　吴念朋

　　　　汪传斌　陈　静　何旭涛　张永明

　　　　阙善庭　刘宗喜　刘　学

中国电力出版社

CHINA ELECTRIC POWER PRESS

内 容 提 要

本书是一本关于海底电缆制造与施工方面的科技书。全书共分为六章，内容涵盖海底电缆发展概述、海底电缆结构、海底电缆制造技术、海底电缆施工工艺、海底电缆施工装备、海底电缆故障及事故案例分析。

本书可供从事海底电缆设计、施工及维护方面的工程技术人员参考使用。

图书在版编目（CIP）数据

海底电缆制造与施工技术 / 万建成主编. -- 北京：
中国电力出版社，2025.7. -- ISBN 978-7-5198-9995-0

Ⅰ.TM248；TM757.4

中国国家版本馆 CIP 数据核字第 2025RB8943 号

出版发行：中国电力出版社

地　　址：北京市东城区北京站西街 19 号（邮政编码 100005）

网　　址：http://www.cepp.sgcc.com.cn

责任编辑：刘　薇（010-63412357）

责任校对：黄　蓓　张晨荻

装帧设计：张俊霞

责任印制：石　雷

印　　刷：三河市万龙印装有限公司

版　　次：2025 年 7 月第一版

印　　次：2025 年 7 月北京第一次印刷

开　　本：710 毫米 ×1000 毫米　16 开本

印　　张：12.5

字　　数：198 千字

定　　价：68.00 元

作 者 寄 语

　　三十二载春秋，我有幸全程见证并参与了中国电网建设的辉煌历程。自1993年踏入电力行业，前二十年专注于输电线路导线与金具的研发创新。每当驱车经过那些巍然矗立的铁塔银线，想到自己参与研制的大截面导线和新型节能导线已广泛应用于特高压及各级输电网络，一种"铁塔入云处，皆有我心血"的成就感便涌上心头。近十年来，我的研究重心转向输变电工程施工技术领域，在新型施工机具研发方面取得了一些突破，并出版了相关专著。这些年来，始终怀揣着一个朴素的心愿：愿我的研究成果能化作铺路石，为后来者搭建向上攀登的阶梯；愿我的专业著作能成为引玉之砖，激发更多同行者的创新灵感。

　　2020年，中国电力科学研究院有限公司输变电工程所（现国网电力工程研究院输变电工程所）受总部委托牵头调研海底电缆施工技术与装备，在此过程中，得到了浙江省电力公司等兄弟单位的鼎力支持。海底电缆工程因其特殊的海洋环境，被全球公认为极具挑战性的复杂系统工程。潮汐、波浪、冲刷、地震等自然力，加之海底摩擦、地形演变及人类活动的影响，使得海缆在制造技术、施工装备及工艺研发的要求远超常规电缆。正因如此，我们集结国内顶尖专家，系统梳理海缆技术的历史脉络、现状与未来趋势，2025年终成此书，以期为中国海缆技术的发展略尽绵力。

　　一路走来，感恩领导的信任、同事的协作、专家的指点以及同行们的砥砺；更感谢家人始终如一的理解与支持。本书不仅是我与团队工作成果的总结，更是无数电力人智慧的结晶。愿它能成为行业同仁的实用参考，也期待与诸位共同见证中国海缆技术的新篇章！

海底电缆在全世界范围内已有一百多年的应用历史，其在跨海联网、海上清洁能源并网、海上油气开采平台供电等领域发挥了重要作用。进入 21 世纪后，海底电缆技术发展迅猛，在电压等级、应用长度、绝缘材料、施工设备与工艺等方面不断取得新的突破，为电网安全运行和电力可靠供应及推动能源革命打下了坚实基础。

我国海底电缆技术起步较晚，但近十年来发展迅猛，逐渐接近国际先进水平。2009 年，南方主网与海南电网 500kV 联网工程投运，标志着我国在超高压、大容量、长距离海底电缆应用方面实现了突破；2018 年，浙江舟山 500kV 联网输变电工程投运，标志着我国已具备超高压海底电缆的自主研发制造与施工能力；2021 年，江苏如东 ±400kV 海上风电柔性直流输电工程投运，标志着我国直流海底电缆技术已迈入国际先进行列。随着新型电力系统的建设和发展，海底电缆的应用前景十分广阔。

由于海洋环境的特殊性，海底电缆工程被世界各国公认为一项困难、复杂的大型技术工程。海底电缆除了受到潮汐、波浪、冲刷及地震等自然现象的作用外，还受到海底物质的摩擦、海底地形地貌演变、人类海洋活动等影响。因此，海底电缆工程在制造技术、施工工艺、施工装备等方面的要求，均远远高于其他电缆产品。为此，中国电力科学研究院有限公司组织国内相关专家，对海底电缆的制造、施工技术发展历史、现状及发展趋势进行了全面深入的梳理与分析，集结成书供读者参考。

本书是一本关于海底电缆制造与施工方面的科技书，共分为六章，内容涵盖海底电缆发展概述、海底电缆结构、海底电缆制造技术、海底电缆施工工艺、海底电缆施工装备、海底电缆故障及事故案例分析。本书主要供从事海底电缆设计、施工及维护方面的工程技术人员参考使用。作者从实用的角度出发，力求做到内容翔实、通俗易懂，方便读者在实际工作中使用。

由于作者水平所限，书中难免存在不妥之处，恳请广大读者予以指正。

作者

2025 年 4 月

目　录

第一章

概　　述

第一节　海底电缆的分类及发展历程

一、海底电缆定义及分类

海底电力电缆（简称海底电缆）主要指敷设于海洋、江河、湖泊中的电力电缆、光电复合电力电缆。海底电缆按电压类型，可分为交流海底电缆和直流海底电缆；按绝缘材料类型，可分为充油海底电缆、绕包绝缘海底电缆（包括黏性油浸纸绝缘黏性油浸纸绝缘、不滴流浸渍纸绝缘及油浸渍纸绝缘等电缆）、挤包绝缘海底电缆（包括交联聚乙烯（Cross linked polyethylene，XLPE）绝缘、聚氯乙烯（Polyvinyl chloride，PVC）绝缘、聚乙烯（Polyethylene，PE）绝缘及聚丙烯（Polypropylene，PP）绝缘等电缆）、橡胶绝缘海底电缆（包括乙丙橡胶绝缘、天然橡胶绝缘等电缆）等；按结构特征类型，可分为统包型海底电缆、分相型海底电缆、扁平型海底电缆和自容型海底电缆；按应用场景类型，可分为动态海底电缆和静态海底电缆。

二、电力电缆及海底电缆的发展历程

在过去 100 多年间，海底电缆基本是伴随着陆上电缆技术成熟而发展起来的。

1812 年，世界首根电力电缆诞生，由俄罗斯人 Schilling 利用橡胶、漆绝缘材料制造而成，用于矿山爆破。

1850 年，世界首根海底电缆用于英国多佛和法国加莱之间联网铺设。

1880 年，托马斯·爱迪生发明了用沥青混合物绝缘的"马路管道"直流电缆。

1890 年，Ferranti（英国）开发出同心结构电缆。

1903 年，德国首次应用 PVC 作为电缆绝缘材料。

1917 年，意大利 Pirelli 公司完成液体浸渍纸绝缘电缆，世界首根屏蔽电缆诞生。

1939 年，德国雷尔吉曼（Realgeman）公司开发出 PE 绝缘材料。

1942 年，聚乙烯绝缘材料首次应用于电缆。

1957 年，瑞典在哥得兰岛铺设首根直流海底电缆。

1963 年，美国通用电气公司发明了电缆绝缘材料交联聚乙烯 XLPE，并于 1968 年首次将 XLPE 电缆用于中压（MV）电缆（多数为无护套、包带屏蔽）。

1972 年，IEEE 首次在无护套 HMWPE 和 XLPE 电缆上确认了水树和杂质相关的问题。

1973 年，超净材料被应用于瑞典—芬兰 84kV 工程用 XLPE 海底电缆。

1978 年，北美开始广泛使用聚合物护套。

1982 年，美国和德国 MV 电缆开始引入 WTR 绝缘材料。

1988 年，500kV 等级 XLPE 电缆（无接头）首次使用在抽水蓄能电站。

1989 年，中压电缆首次使用超光滑导体屏蔽料。

1990 年，比利时、加拿大、德国、瑞士和美国广泛使用 WTR 绝缘材料；1993 年，在意大利电气试验中心进行 400kV 长期预鉴定试验。

1999 年，世界首根商用 XLPE 直流电缆诞生。

2000 年，世界首根带接头的长距离 500kV 级 XLPE 电缆在日本东京安装。

2002 年，世界最高电压等级的交流 XLPE 电缆（525kV 大朝山水电站）在中国云南建成。

2002 年，长度为 171km 的世界最长聚合物电缆在澳大利亚 150kV 高压直流输电工程投运。

2006 年，长度为 290km 的世界最长海底电缆在澳大利亚 400kV 高压直流输电工程投运。

第二节　交流海底电缆与直流海底电缆

交流海底电缆与直流海底电缆在电力系统中都获得了广泛应用，直流海底电缆在发展中吸取了交流海底电缆的成熟经验，在结构上与交流海底电缆有很多相同之处，但是二者还是存在显著差异，主要体现在以下三个方面。

一、传输方式

（1）柔性直流海底电缆输电过程。以海上风力发电系统为例，风力发电机发出电能，并经集电系统与升压站二次抬升后进行汇集，然后接入海上柔直换流站。海上柔直换流站将交流电转变为直流电后，再通过高压直流海底电缆将电能输送至陆上换流站，最后陆上换流站将直流电重新转变为交流电以后接入交流电网。

（2）高压交流海底电缆输电过程。以海上风力发电场景为例，风力发电机借助风能驱动发电机转动发出电能，在机舱或基座内通过变压器将电压抬升，然后经集电系统和海上升压站将电压二次抬升，再将电能通过高压交流海底电缆输送至陆上变电站。

高压交流电缆可传输有功功率随距离的增加而减少，因此高压交流电缆输送方式不适合大规模、长距离的海上风电送出；而柔性直流输电不存在电容充电电流的问题，输送能力基本不受线路长度的限制，对于远距离、大容量海上风电场送出，采用柔性直流海底电缆输电是更优的方案。

二、绝缘材料

交流海底电缆与直流海底电缆绝缘材料的差异主要体现在三个方面：

（1）空间电荷积累。交流电缆在运行时由于绝缘层两端的电压极性不断发生改变，因此并不会出现空间电荷的积累问题；而直流电缆绝缘层主要承受直流电压，电缆在运行时由于电压极性不变，因此可能存在空间电荷的积累。电缆绝缘层中的空间电荷积累会造成介质内局部电场的畸变，进而引起局部放电和介质击穿，特别在强电场作用下空间电荷的积聚会加速聚合物电介质的老化过程。

（2）电场分布不同。当电缆的绝缘材料承受工频交流电压时，它的电场强度根据介电常数成反比分配；而当绝缘材料承受直流电压时，它的电场强度根据绝缘电阻率成正比分配。以油浸纸绝缘材料为例，在交流作用下，具有较低击穿强度的油膜需要承受较高的场强；而在直流电压作用下，具有较

3

低击穿强度的油膜则只承受较低的场强。

在交流电压作用下，电缆绝缘层中的电场分布几乎不受温度的影响；而在直流电压作用下，绝缘电阻率一般随温度呈指数式变化，温度的改变，将使电场分布相应改变，这就使得直流电缆绝缘层中的电场分布比交流电缆要复杂得多。交、直流海底电缆电场分布对比如图 1-1 所示。

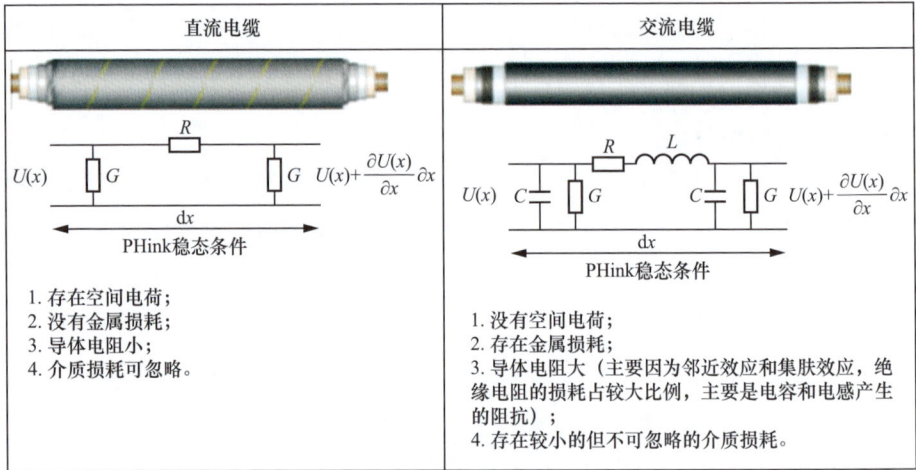

直流电缆	交流电缆
$U(x)$ G R G $U(x)+\frac{\partial U(x)}{\partial x}\partial x$ dx PHink稳态条件	$U(x)$ C G R L C G $U(x)+\frac{\partial U(x)}{\partial x}\partial x$ dx PHink稳态条件
1. 存在空间电荷； 2. 没有金属损耗； 3. 导体电阻小； 4. 介质损耗可忽略。	1. 没有空间电荷； 2. 存在金属损耗； 3. 导体电阻大（主要因为邻近效应和集肤效应，绝缘电阻的损耗占较大比例，主要是电容和电感产生的阻抗）； 4. 存在较小的但不可忽略的介质损耗。

图 1-1 交、直流海底电缆电场分布对比

（3）击穿强度不同。在长期工频交流电压作用下，由于绝缘材料内部发生局部放电，绝缘击穿强度随电压作用时间增长而显著下降；而在直流电压作用下，局部放电问题相对较小，故电缆绝缘的直流击穿强度较高，绝缘击穿强度随电压作用时间增加而下降的趋势不如在工频交流电压作用下那样显著。

不同绝缘类型的电缆在交、直流电压下运行时允许的平均电场强度可参照表 1-1。

表 1-1 电缆在交、直流电压下运行时的平均场强允许值

电缆类型	平均场强允许值（kV/mm）		直流场强与交流场强之比
	交流	直流	
聚合物绝缘电缆	5～10	12～20	2
油浸纸绝缘电缆	7～11	20～25	2.5
充油电缆	10～20	35	2

从表 1-1 可知，对于聚合物绝缘电缆、充油电缆，直流工作电压大致是交流有效工作电压的 2 倍；而对于油浸纸绝缘电缆，直流工作电压大致是交流有效工作电压的 2.5 倍。

三、成本比较

总的来说，直流电缆的前期投入更大，但相比于交流电缆，直流电缆为正负两极，结构简单，所以安装、维护简单，费用较低；交流电缆一般为三芯，绝缘安全要求高，结构较复杂，所以安装、维护费用很高，因此交流电缆安装和维护成本是直流电缆的 3 倍多。据估算，当输电线路长度大于 80km 时，直流输电成本将低于交流输电成本。

以 1GW 容量、100km 长度输电项目为例，采用直流海底电缆方案，仅需两根 ±535kV、1200mm² 的直流海底电缆，采用交流方案，需三根 500kV、1800mm² 交流海底电缆；直流海底电缆质量低于交流海底电缆，100km 单根相差 2000t，相同载重量的船能够敷设更长的直流海底电缆。而且直流海底电缆比交流海底电缆少一根，以 120 万元 /km 计算敷设费用，100km 能够节省 1.2 亿元的敷设费用。

在运行过程中，直流输电线路损耗更小。交流输电线路存在感抗和容抗，这些会引起线路中的无功损耗；另外，交流输电线路存在集肤效应，而直流输电线路不存在集肤效应，导线截面积利用率更高。

根据参考文献 4，虽然在同等容量下，目前换流站等柔直输电设备的造价还是高于交流变压设备，但是未来随着技术的不断进步，柔直设备造价有望持续降低，交、直流输电的等价距离将逐渐缩短。随着海上风电向深远海发展，柔性直流输电送出则是更优选择。

第三节　动态海底电缆与静态海底电缆

一、动态海底电缆与静态海底电缆的主要区别

静态海底电缆是指固定敷设在海床或海床面以下的海底电缆。动态海底电缆是指应用于漂浮式海上结构物、带有相关浮力元件、在水中允许跟随漂浮式基础在一定范围内移动的海底电缆。动态海底电缆需要应对波、浪、流

环境下的机电耦合工况，对疲劳寿命要求高，生产难度也大于普通静态海底电缆。

动态海底电缆与静态海底电缆的主要区别如下：

（1）应用领域。动态海底电缆主要应用于海洋工程的悬挂系统、牵引系统等；静态海底电缆主要应用于风机和风机之间、风机和海上升压站、海上升压站和陆地集控中心之间的通信和电能传输。

（2）使用环境。动态海底电缆需要经受相对复杂的海洋环境，如海流、海浪、海底地段等影响，需要具有较好的耐久性、抗风化性、抗氧化性等；静态海底电缆用于连接两个水下站点的简单点对点传输，故在设计上通常仅考虑海洋深度和传输距离等环境因素。

（3）海底电缆结构。动态海底电缆除了导体、绝缘层等基本元素外，通常还带有一个或多个加强层、多层护套等补偿物，以满足海底电缆在浮力、船体运动、摆动等多种影响下的动态机械性能要求；而静态海底电缆通常由多组光缆或电缆及外围铠装保护层而成。

（4）设计原则。动态海底电缆需要兼顾机械性能、电气性能、安全性和可靠性等多个方面的考虑，同时需要考虑悬浮深度的要求、海床坡度、水深、环境气候等因素；静态海底电缆则主要考虑传输速度和传输距离，尤其在极寒和极深的环境下应该具有长寿命、高速率、低损耗等特点。

二、动态海底电缆简介

1. 动态海底电缆的结构与特点

动态海底电缆结构需满足功能和使用环境的要求，各单元布局尽可能紧凑对称。与静态海底电缆结构相比，动态海底电缆采用湿式绝缘结构、铜丝/铜带屏蔽、PE护套和偶数层反向缠绕钢丝铠装，加强动态海底电缆在外力长期耦合作用下电气与机械性能，相应的动态海底电缆结构有较大变化，典型结构如图1-2所示。动态海底电缆中其他单

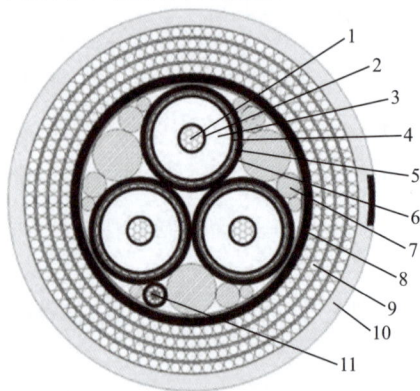

图1-2　动态海底电缆典型结构示意图
1—阻水导体；2—导体屏蔽；3—XLPE绝缘；4—绝缘屏蔽；5—金属屏蔽；6—PE护套；7—填充；8—内护套；9—钢丝铠装；10—外护套；11—光纤单元

元材料、结构形式和尺寸根据功能要求确定，确保传热性能良好。

动态海底电缆最大的特点是能够承受船体运动和海流等较大的力量，可以实时传输感知数据，并提供电力、仪表信号等供应服务。这让动态海底电缆的应用场景非常广泛，包括海上油气领域的浮式储油平台、海上风电领域的深远海漂浮式风电等重要领域。浮式风电动态海底电缆系统典型结构如图 1-3 所示。

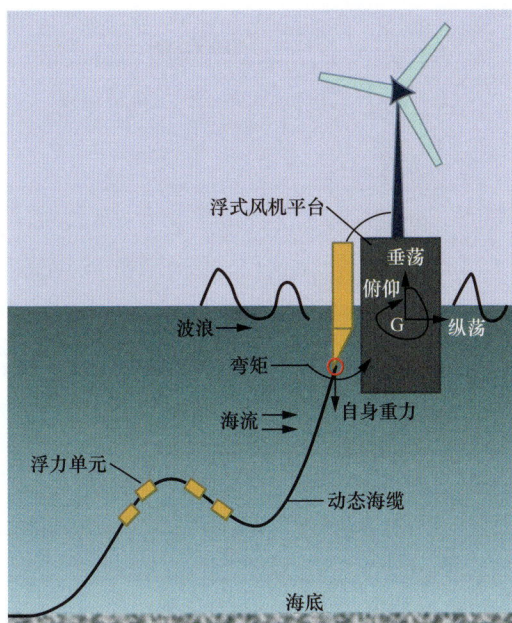

图 1-3　浮式风电动态海底电缆系统典型结构

2. 动态海底电缆与静态海底电缆连接

浮式风电机组集电海底电缆通常采用动态海底电缆与静态海底电缆混合方案，动态海底电缆连接浮式风机，经中间接头连接静态海底电缆，再由静态海底电缆送至风电场，如图 1-4 所示。

一般动态海底电缆和静态海底电缆的连接方式有硬接头连接和工厂在线连接两种。如果动态海底电缆和静态海底电缆均为湿式结构设计，可采用工厂在线连接方式，即通过各组件恢复措施，将不同的海底电缆断面连接为一体，实现动态海底电缆和静态海底电缆整体制造，有效降低整根海底电缆的安装周期和成本。随着湿式结构静态海底电缆应用增多，工厂在线连接工艺的适用范围也越来越广。

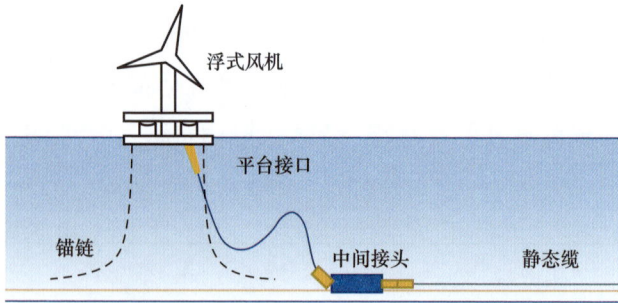

图 1-4　浮式风机动 / 静态海底电缆连接

3. 动态海底电缆的发展趋势

自 2009 年挪威 Equinor 并网了世界上第一台兆瓦级漂浮式海上风力发电机组以来，截至 2024 年底全球范围内已安装了多个漂浮式风电机组。经过十多年的发展，海上漂浮式风电已进入大规模商业化装机前期阶段，装机超过 200 兆瓦。随着技术进步和成本下降，越来越多的油气巨头开始关注漂浮式风电，未来有望迅速实现动态海底电缆全面商业化。根据预测，到 2030 年漂浮式风电装机容量将处于 3 ～ 19GW 之间，具体的发展程度取决于产业界能否将漂浮式海上风电平准化发电成本（leveling cost of electricity，LCOE）降低到可承受的水平。据欧洲风能协会预测，预计 2025 ～ 2030 年大量漂浮式风电项目有望陆续开工并投产，到 2030 年底全球的漂浮式海上风电装机容量将达到 1500 万 kW，占全球新增风电装机容量的 6%。英国、葡萄牙和日本是漂浮式风电装机总量最大的三个国家。韩国、法国、挪威和中国的漂浮式风电装机总量也在不断增加，未来可能会成为最大的漂浮式风电市场。据全球风能理事会（GWEC）预计，漂浮式风电在商业上可行时，将会成为另一种基础解决方案，而不仅仅是海上风电的一个子行业。

我国动态海底电缆的发展始于 21 世纪初，随着海洋经济和海上风电技术的兴起，对动态海底电缆的需求日益增加。起初，我国在这方面的技术和生产能力较为薄弱，市场主要依赖进口产品。进入 21 世纪的第二个十年，随着国家对海洋科技的重视，国内企业开始加大研发投入，逐步攻克关键技术，实现了从低端产品向高端市场的突破。近年来，我国动态海底电缆的研发和生产取得了显著进展，不仅在性能上达到国际先进水平，还在多个海上风电项目中得到示范应用。

相比固定式平台，浮动平台允许在海上几乎任何地方部署风力涡轮机，可最大限度地利用海上风能潜力，不仅开拓了可开发的海域范围，而且开发周期更短、对环境更友好，是未来深远海上风电开发的主要方式。动态海底电缆悬挂于浮动平台下方，承受周期性负载，面临恶劣海况及大幅度浮体运动，是浮式风电系统中最薄弱的装备之一。据国外统计，海底电缆故障至少占海上风电保险索赔的 75%。动态海底电缆设计、制造与应用涉及多个学科的知识，是工业界和学术界研究的热点。该技术的突破将填补国内目前在大功率海上浮式风电装备设计及应用验证方面的空白，为我国深远海风电规模化发展和平价上网提供技术支撑，对实现海上风电装备制造业自主创新与产业升级具有重要意义。

第四节 海底电缆的应用

海底电缆使用已超过百年，在最近几十年内得到了广泛的应用。早期的海底电缆主要用于电网跨海互联及向海域设备供电（如灯塔等）；随着电力系统的不断发展，海底电缆逐渐应用于海岛供电；进入 21 世纪以来，海底电缆在海上可再生能源发电送出并网和海上石油天然气钻探平台供电方面获得广泛应用。

一、岛屿供电

海岛联网供电一般是采用交流或直流海底电缆跨越海峡，实现大陆与岛屿之间电网互联。通常采用中压（国内一般不高于 35kV，国外不高于 52kV）交流电缆，电缆输送容量为 10 ～ 30MW。这些电缆的最大经济长度为 10 ～ 30km。为了应对海岛电力增长需求，常采用电缆敷设在不同路由上或增加电缆根数的方法，以降低风险并增强海岛上电力的可用性。即使某根电缆发生故障，海岛供电仍能通过其他电缆得到保证。海岛联网供电对于提高岛屿的用电可靠性与安全性、降低海岛用电成本、实现海岛能源供给多样化、保护海洋与海岛环境具有重要意义。代表性的工程有丹麦本土—西兰岛、意大利本土—撒丁岛、西班牙本土—马略卡岛等海底电缆联网工程。

二、电网跨海互联

电网跨海互联是目前世界上海底电缆应用最广泛的领域。北欧各国电网通过海底电缆工程联网，已基本实现了能源优化配置、降低发电成本、减少备用容量等目的，联网运行获得巨大的经济效益。代表性的工程有挪威—丹麦、丹麦—瑞典、丹麦—德国等海底电缆联网工程，这些工程多采用直流海底电缆实现长距离输电和异步联网。世界上其他地区，如波罗的海沿岸、英吉利海峡、直布罗陀海峡、地中海沿岸、库克海峡、巴斯海峡、纪伊海峡等，也大量应用海底电缆实现大电网互联，代表性的工程有瑞典—德国、瑞典—立陶宛、英国—德国等海底电缆联网工程。

此外，大长度高压直流海底电缆已用来连接远距离独立电网。目前世界最长的高压直流海底电缆是 Viking Link（英国—丹麦联网）工程采用的单根长约 765km 的直流电缆。

三、海上风力发电场

以海上风电为代表的海上可再生能源发电并网近年来蓬勃发展，海底电缆是海上风电工程的重要组成部分。该类工程通过 10、35kV 或 66kV 的中压海底电缆网络将间距为 300 ～ 800m 的风机互联，将产生的电力集中输送到海上升压站中，将电压升高为 110、220kV 或 500kV 后，采用高压海底电缆输送到岸上，接入当地电网。输送到岸上的交、直流高压海底电缆最长距离已超过 100km。对于近海风电场，一般采用交流海底电缆送至陆上电网，代表性的工程有中广核集团的如东海上风电场、中国三峡集团的响水海上风电场、中国华能的如东海上风电场、鲁能的东台海上风电场、中国大唐的滨海海上风电场、国电电力的福建南日岛海上风电场、广东阳江海上风电场等电力送出工程；对于远海风电场，一般采用交流海底电缆汇集至海上换流站后，通过直流海底电缆送至陆上换流站，代表性的工程有中国三峡集团如东 H8-H10 海上风电柔性直流送出工程，德国 DolWin1、DolWin2、DolWin3 海上风电直流送出工程，德国 BorWin 1、BorWin 2 海上风电直流送出工程，德国 HelWin 1、HelWin 2 海上风电直流送出工程等。

四、海上油气平台供电

石油和天然气行业的近海生产平台在生产活动中需要消耗大量电能，包括驱动油泵抽取原油、二次注水、加热输出流体、压缩机和泵运转、照明及通风等。一直以来，受技术和基础设施等限制，海上油田主要利用油田开发伴生的天然气或者原油作为燃料进行发电，供平台生产生活使用。由于海上发电机组容量小、效率低，能耗约为岸上大机组的 2～3 倍，不利于节能减排，海上平台供电稳定性也远不如大电网，有被岸上电网供电所取代的趋势。我国渤海秦皇岛和曹妃甸油田群岸电改造示范项目采用 220kV 海底电缆与陆上电网连接，实现了电能替代，促进了平台的可靠运行和节能减排。海上石油和天然气钻探平台所用海底电缆包括岸上供电的高压海底电缆、脐带电缆和其他特殊用途的电缆。脐带电缆为铠装的柔性组合体，在一根脐带电缆中可包含任何形式的电力电缆线芯、信号电缆、输液管道、液压管道等，它为海床上的石油和天然气开采装置、遥控水下机器人（Remote Operated Vehicle，ROV）等设备提供供电、传递信号、输送液体等通道。

五、跨越江河海峡短程输电

尽管架空线路能用于长达 5～6 km 的跨越，但在许多场合，用于穿越河流、海峡、地峡、峡湾或海湾的电力传输，更适宜选用海底电缆传输。其原因主要有：①海底电缆对环境友好，适用于风景区和自然保护区的电力传输；②海底电缆不占用地表以上空间，不会对海峡和河道中航行的船舶造成高度限制；③对于架空导线易舞动失稳或有冰雪灾害的区域，采用海底电缆输电是更优的选择；④一条免维护海底电缆的寿命周期成本低于一条架空线路的寿命周期成本，因为后者常受到暴风雨、盐雾、覆冰等威胁。

六、其他应用

（1）深海油、气用电缆。由于石油与天然气钻井位于很深的海水中，各种类型的潜水泵和压缩机布置在海床上，需要使用海底电缆为其供电。

（2）管道加热电缆。海底管道有时需要电加热，以防止产生蜡和水合沉积物。管道本身作为加热元件，通过无金属阻水层的大截面交联聚乙烯绝缘电力电缆供给电能。

（3）海底观测站。海啸预警系统、海底观测网、军用侦察阵列都必须有可靠的海底电缆传输电能。

第五节　国内外海底电缆工程

一、国外海底电缆工程

国外海底电缆的发展始于岛屿联网供电需要，伴随着输送容量的提升，其电压等级也不断提升，产生了不同绝缘类型的海底电缆。自交联聚乙烯材料诞生以来，因其低介质损耗、高使用温度的优势，逐渐成为了海底电缆的主要绝缘材料。国外海底电缆工程如表 1-2 所示，从中可看出其发展脉络。

表 1-2　　　　　　　　国外海底电缆工程

国家	项目投运年份	项目名称	电压等级（kV）	海底电缆型号规格	海底电缆长度（km）
西班牙	1973	Mallorca- Menorca	132	SCFF-500	42
瑞典	1973	Ålandinterconnection	84	XLPE-185	55
瑞典—丹麦	1979	Bornholm connection	60	XLPE-240	44
加拿大	1984	BC Hydro - Vancouver	525	SCFF-1600	38
西班牙—摩洛哥	1997	Spain-MoroccoInterconnection	400	SCFF-1600	28
英国	2000	Isle of Man to EnglandInterconnector	90	XLPE-300	104
比利时	2010	Belwind	150	XLPE-500/630	52
意大利	2010	Italy-Sardinia	±500	MI	410
挪威	2012	Oslofjord II	400	MI and XLPE	13
芬兰—爱沙尼亚	2014	Estlink 2	450	MI	145
英国	2016	Western Link	±600	MI	420
加拿大	2017	Maritime Link	±200	MI	170
加拿大	2018	The Strait of Belle Isle project	±350	MI	100
阿联酋	2018	NASR Full Field	132	XLPE-400/1000	147

续表

国家	项目投运年份	项目名称	电压等级（kV）	海底电缆型号规格	海底电缆长度（km）
英国一比利时	2019	Nemo Link	±400	XLPE	130
英国一法国	2020	IFA 2	±320	XLPE	240
挪威一英国	2021	North Sea Link	±525	MI	720
英国一丹麦	2023	Viking Link	±525	MI	765

二、国内海底电缆工程

国内海底电缆的发展始于岛屿供电需要，随着海洋工程的发展及海洋能源开发的需求，渐渐发展为以海洋工程及海上风电场发展为主的现代模式。国内海底电缆工程如表 1-3 所示。

表 1-3　　　　　　国内海底电缆工程

序号	项目投运年份	项目名称	电压等级（kV）	海底电缆型号规格	海底电缆长度（km）
1	2011	大衢输变电扩建工程	110	HYJQ41-64/110kV-1×630mm²+2×12B1，	13.97+14.162+14.325
2	2012	金塘—大黄蟒山海底电缆项目	110	HYJQ41-64/110kV-1×500mm²+2×12B1	6.7×6
3	2014	阳江海陵岛第三回线路工程	110	HYJQ41-64/110kV-1×800mm²+2×12B1	10.233
4	2013	珠海桂山海上风电项目	110	HYJQ41-F 64/110kV 3×500+2×36B1	40
5	2014	江苏响水近海风电场项目	220	HYJQ41-127/220kV 3×500+2×36C	12.9
6	2017	国家电投滨海南区 H3# 300 MW 海上风电场	220	HYJQ41-127/220kV 3×400+2×36C	2×33.8
7	2018	莆田平海湾海上风电场 F 区项目送出工程	220	HYJQF41-F 127/220kV 3×630+3×36B	22.83
8	2019	浙江嵊泗 5#、6# 海上风电项目	220	HYJQF41-127/220kV 3×1000+2×36C	60.5
9	2020	三峡新能源阳西沙扒三、四、五期海上风电项目	220	HYJQF41-127/220-3×1000mm²+2×(44B1+4A1a)	3×33.6

续表

序号	项目投运年份	项目名称	电压等级（kV）	海底电缆型号规格	海底电缆长度（km）
10	2016	大唐滨海风电项目	220	HYJQF41-127/220kV 1×800+2×16C	69.6
11	2016	江苏东台 200 MW 海上风电项目	220	127/220kV 1×500+2×12C	3×34
12	2017	唐山乐亭菩提岛海上风电场	220	127/220kV 1×800mm²+2×(44B1+4A1a)	3x15.5
13	2017	莆田南日岛海上风电场一期项目	220	HYJQ71-F 127/220kV 1×1600mm²+3×12	4×11.8
14	2019	南方电网主网与海南电网第二回联网工程	500	HYJQF41-290/500kV 1×1800mm²	4×30.5
15	2018	宁波至舟山输变电工程	500	HYJQF41-290/500kV 1×1800mm²	3X35.65
16	2013	南澳直流输电工程	±160	DC-HYJQ41-F-160kV 1×500+2×16B1+2×2A1b+ DC-YJLW03-160kV 1×500	2x(10.3+8.3)
17	2014	国网舟山直流海底电缆工程	±200	DC-HYJQ41-F-200kV 1×1000+2×12B1	129
18	2020	江苏如东 1100 MW 海上风电项目	±400	DC-HYJQ41-F-400kV 1×1600+2×24B1+ZA-DC-YJQ03-400kV 1×1600	2×108
19	2020	国网舟山 500 kV 联网（部分海底电缆）	500	HYJQF41-290/500kV 1×1800mm²	6X18.15
20	2021	广东能源集团阳江青洲一、青洲二海上风电场项目	500	HYJQF41-290/500kV 1×1800mm²	60
21	2023	海南联网二回海底电缆工程	500	MI	4X32

第二章

海 底 电 缆 结 构

第一节 电缆典型结构

不同类型的海底电缆结构设计存在差异，一般包括导体、绝缘、金属套、铠装、光纤复合等部分。常见的交流海底电缆结构示意见图 2-1，直流海底电缆结构示意见图 2-2，充油海底电缆结构示意见图 2-3，动态海底电缆结构示意图见图 2-4。

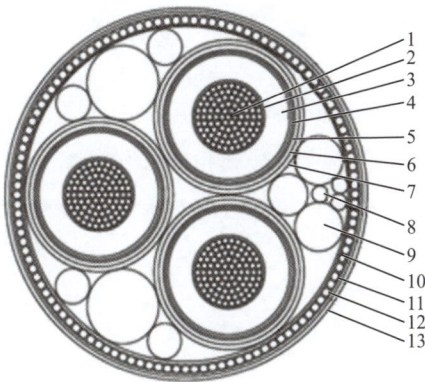

图 2-1　交流海底电缆结构示意图

1—阻水导体；2—导体屏蔽；3—交联聚乙烯绝缘；4—绝缘屏蔽；5—阻水膨胀带；6—金属套；7—内护套；8—光纤复合；9—填充物；10—绑扎带；11—铠装衬垫；12—铠装；13—外被层

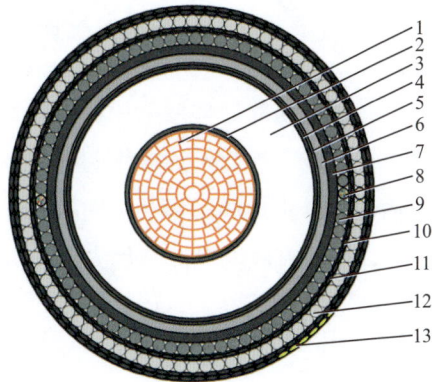

图 2-2　直流海底电缆结构示意图

1—阻水导体；2—导体屏蔽；3—交联聚乙烯绝缘；4—绝缘屏蔽；5—阻水膨胀带；6—金属套；7—内护套；8—光纤复合；9—填充物；10—绑扎带；11—铠装衬垫；12—铠装；13—外被层

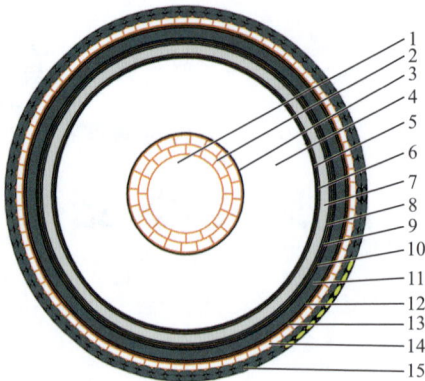

图 2-3　充油海底电缆结构示意图

1—油道；2—导体；3—导体屏蔽；4—油浸纸
绝缘；5—绝缘屏蔽；6—铜线编织带；7—合
金铅套；8—绕包带；9—加强层；10—衬垫层；
11—聚乙烯护套；12—防蛀层；13—衬垫层；
14—铠装层；15—外被层

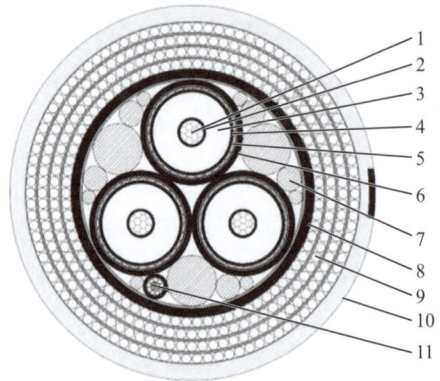

图 2-4　动态海底电缆结构示意图

1—阻水导体；2—导体屏蔽；3—抗水树交联聚
乙烯绝缘；4—绝缘屏蔽；5—金属屏蔽；
6—聚乙烯护套；7—填充；8—内护套；9—钢
丝铠装层；10—外护套；11—光纤复合

第二节　导　　体

　　海底电缆的导体一般由铜或铝制成。铜材料的高电导率可以减少线芯损耗，提升载流能力，而且铜材料加工性能良好，便于线芯拉制和绞合等，相同输送容量下，选用铜导体可以减小导体截面积，从而减少外层其他材料的用量，因此海底电缆通常优先选择铜作为导体材料。

一、导体选型

　　电缆用导体按结构可分为圆形紧压导体、型线导体、空心导体、分割导体和超导导体。

1. 圆形紧压导体

　　圆形紧压导体是由若干根相同直径或不同直径的圆单线按一定的方向和一定的规则绞合在一起，成为一个整体的绞合线芯，单线在框绞机上逐层绞合，绞合过程中每层导体同时绕包阻水带或阻水纱，并通过模具或辊轮装置进行紧压。紧压减小了单线之间的空隙，使得导体的填充系数可以达到90%及以上。圆形紧压导体工艺成熟，加工效率高，是目前最常用的海底电缆导体结构，如图 2-5 所示。随着海底电缆输送容量的提高，圆形紧压导体截面积提升较快，国内已经实现了 1800mm² 截面积海底电缆的工程应用。

2. 型线导体

型线导体由预成型的单线绞合而成，单线的形状根据单线所处的位置进行设计。型线导体单线通常分为 T 形和 Z 形两种。导体绞合时，单线绞合而成如图 2-6 所示形状。型线导体的填充系数可达到 96% 以上，故导体外径大幅减小。此外，由于没有经过冷加工紧压绞合过程，单线电导率几乎无损失。但型线导体单线成本高，易发生单线翻转等问题，加工效率低于圆形紧压导体，并且传统的阻水带绕包工艺无法应用于型线导体，通常采用橡胶类的半导电化合物作为阻水填充物，并需要专用装置进行灌注，因此一般在大截面导体上采用型线导体。

图 2-5　圆形紧压导体　　　　　　图 2-6　型线导体

3. 空心导体

空心导体如图 2-7 所示，目前主要应用于充油海底电缆。充油海底电缆内部充有低黏度电缆油，这样会提高浸渍速度，其导体内包含中心油道，使绝缘油随着热膨胀和来自海底电缆终端处的压力而流动。该做法可防止绝缘中产生气隙之类的缺陷，且可平衡电缆中的压力。在一些空心导体设计中，中心采用螺旋金属支撑管，避免导体单线陷入中心油道内。空心导体也可由型线构成，由异形型线绞合成自承式导体结构，以省去螺旋支撑管，单线间的沟槽面有助于绝缘和中心油道之间电缆油的充分流动。

上述三种导体是目前海底电缆普遍采用的导体类型，充油海底电缆采用空心导体，交联聚乙烯绝缘和浸渍纸绝缘海底电缆采用圆形紧压导体或型线导体。一般而言，1800mm² 及以下规格非空心导体宜采用圆形紧压导体，1800mm² 以上规格宜采用型线导体。

4. 分割导体

分割导体由 4 ～ 7 个股块组成，其由圆单线绞合后经模具压制成扇形，后将数个相同的股块绞合形成圆形导体，如图 2-8 所示。分割导体有助于减小集肤效应，但各股块间存在较大的缝隙，不利于导体纵向阻水，因此不适用于有导体阻水要求的海底电缆。

图 2-7　空心导体　　　　　　图 2-8　分割导体

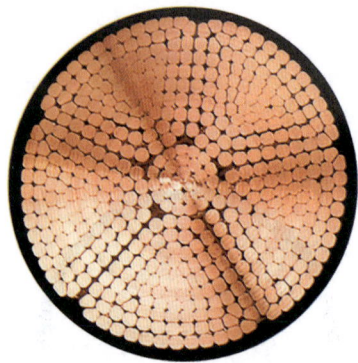

5. 超导导体

在电力系统中采用超导技术可提高单机容量、增加电网的输送容量、降低传输损耗、提高系统运行的稳定性和可靠性、改善电能质量、降低电网的占地面积，并使超大规模电网的实现成为可能，各国均在研究超导导体在电缆中的应用。超导电缆一般结构包括中心支撑管、超导导体层（由超导带材分层绕制而成）、冷 / 热绝缘层、常规绝缘层、屏蔽层和护层，如图 2-9 所示。高温超导电缆发展中面临的主要挑战有超导材料和制冷系统价格过高（包括前期制造和维护费用），以及失超问题对可靠性的影响。目前尚无具有经济性优势的超导导体适用于电力电缆。

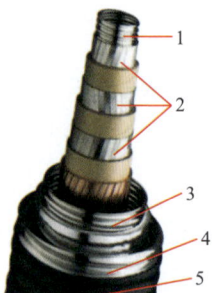

图 2-9　超导电缆

1—中心支撑管；2—超导导体层；
3—冷热绝缘层；4—屏蔽层；
5—外护层

二、导体结构设计

海底电缆导体根据 GB/T 3956—2008/IEC 60228：2004《电缆的导体》给定的各规格直流电阻进行设计。

1. 圆形紧压导体

在 20℃下，圆形紧压导体截面积与直流电阻的关系可用式（2-1）计算，即

$$A = \rho_{20} k_1 k_2 k_3 k_4 k_5 / R_0 \tag{2-1}$$

式中　　A——线芯截面积，如线芯由 n 根相同直径 d 的导线绞合而成，则 $A = n\pi d^2 / 4$；

ρ_{20}——线芯材料在温度 20℃的电阻率，退火铜线 ρ_{20} = 0.017241×$10^{-6}\Omega \cdot m$，硬铝导体 ρ_{20} =0.028264×$10^{-6}\Omega \cdot m$；

k_1——单根导线加工过程中引起金属电阻率增加所引入的系数，它与导线直径大小、金属种类、表面是否有涂层有关，线径越小系数越大，一般可取 1.02 ～ 1.03；

k_2——由于多根导线绞合紧压使单线长度增加所引入的系数，一般取 1.03 ～ 1.05；

k_3——因紧压过程使导线发硬引起电阻率增加所引入的系数，一般取 1.01；

k_4——因成缆绞合使线芯长度增加所引入的系数，一般三芯取 1.01，单芯取 1.0；

k_5——因考虑导线允许公差所引入的系数，一般取 1.01；

R_0——直流电阻，Ω。

根据导体截面积和生产设备及工艺情况，可选取导体单线根数、直径和排列方式。

2. 型线导体

型线导体单线根数一般根据制造设备条件和绞合后导线的柔软度来选择。根数太少，导线柔软度较低；根数太多，则制造工艺复杂。目前，型线导体的制作方法包括以下三种。

（1）将异型单线挤压成型然后再进行绞合，此方法为挤压成型工艺，异

型挤压成型与退火同步进行，绞制截面减缩率大，内应力很大，中高压生产线上的大规格导体在放线时易产生松动现象。该工艺技术现已应用于碳纤维复合芯导线、钢芯软型铝绞线、铝合金电缆导体系列产品制造。

（2）圆单线经辊压成型束绞成为导体，此方法为辊压成型工艺，束线结构的不稳定性会导致 300mm² 以上的导体截面结构容易松动。该工艺目前只在铝合金电缆导线上使用。

（3）将异型单线拉制成型再经框绞机绞合，此方法为拉制成型工艺，能较好弥补以上两种工艺不足。绞制完成后退火能有效消除异型单线内应力对异型线的影响，由于相邻层绞合取向相反的构造，可以生产任意一种截面积超过 25mm² 的导线规格。拉制成型工艺技术已在碳纤复合芯导线、钢芯软型铝绞线、钢芯异型铝线绞合导线等材料中得到应用，在海底电缆中应用比较广泛。型线的几何尺寸可用绘图法或计算法求得，需先确定型线宽高比和内层半径与型线高度比，逐层计算型线的尺寸。

3. 空心导体

空心导体中心用螺旋管支撑，螺旋管径一般为 12、15、18mm 或更大直径。螺旋管由厚度为 0.6 ~ 0.8mm 的镀锡扁铜线构成。外层绞合的单线，其直径、根数及绞合层数，一般根据工艺条件及导线的力学性能按下列方法选定。

假定螺旋管外第一层单线的根数为 n_1，求出单线直径 d 为

$$d = \frac{D}{1.02n_1 - \pi} \tag{2-2}$$

式中　D——螺旋管外径，mm。

　　　d——一般不宜大于 3.0mm。

再假定绞合层数为 m，则绞合单线总根数 N 为

$$N = m_1 n_1 + 3m(m-1) \tag{2-3}$$

然后再校核导体截面积 A

$$A = N \cdot \frac{\pi}{4} d^2 \tag{2-4}$$

三、导体阻水

阻水要求是海底电缆导体和陆上电缆导体最主要的区别之一。当海底电缆出现故障或者维修时，海水在水压作用下会从破损处沿着导体不断渗入，造成进水部分海底电缆报废。为避免损失扩大，同时为海底电缆抢修争取时间，必须采用适当的阻水措施防止海水浸入。

对于100m水深以内的海域，比较常用的海底电缆阻水方法是采用遇水膨胀的阻水带或阻水纱填充导体缝隙，当水进入导体时，填充的阻水材料遇水膨胀填满空隙，阻止海水进一步渗透。当水深超过100m时，水压增大使海水侵入的速度加快，导致阻水带或阻水纱达不到需要的阻水效果，所以在深海应用时一般采用橡胶基阻水胶对导体缝隙进行填充。

第三节　绝　　缘

海底电缆绝缘为其导体对地的电势差提供了有效屏障，绝缘系统做到绝对的纯净和均质是至关重要的。此外，绝缘必须具有机械强固性、耐热性和抗老化性能。海底电缆的绝缘材料与陆上电缆的绝缘材料种类基本相同，但制造和应用条件有所不同，适用于中、高压海底电缆的材料仅有少数几种。

一、交联聚乙烯（XLPE）绝缘

交联聚乙烯是聚乙烯通过交联工艺，将低密度聚乙烯的长分子链形成三维网状，聚合后的交联聚乙烯具有优良的电气性能和机械性能，在相当高的温度下也能保持稳定，超过300℃时才会发生高温分解，但不会融化。交联聚乙烯电缆的长期运行温度达到90℃。绝缘材料在挤出机头内通过挤出包覆在导体上，交联反应发生在挤出机头后的充满惰性气体的高温高压管道内。有机过氧化物是交联的引发剂。

交联聚乙烯是海底电缆绝缘材料的首选，目前已广泛应用在海底电缆中。早期，交联聚乙烯因其对水分敏感而未被采用。因为在水分、电场、杂质的复合作用下，绝缘内部可能会出现树状损伤结构，即水树。20世纪80年代，交联聚乙烯的质量和击穿电压有了明显改善，电缆设计和制造对于防水进行了更周全的考虑，水树问题得到了极大改善。

目前，交联聚乙烯海底电缆绝缘厚度设计基于其预期使用寿命周期内能安全承受各种可能电压的条件，交流和直流因工作方式差异在绝缘设计时的条件选取存在明显差别。

1. **交流交联聚乙烯绝缘厚度设计**

交流交联聚乙烯海底电缆绝缘厚度设计主要考虑工频交流耐受电压和雷电冲击耐受电压。

（1）绝缘厚度按工频耐压设计，交联电缆耐受交流耐压所需绝缘厚度计算公式为

$$\begin{cases} t_{ac} = \dfrac{\dfrac{U_m}{\sqrt{3}} \times k_1 \times k_2 \times k_3}{E_{Lac}} \\ k_1 = \sqrt[n]{t_1 / t_2} \end{cases} \qquad (2\text{-}5)$$

式中　E_{Lac}——交流击穿电压最小击穿场强，对于交联聚乙烯绝缘材料，工频最小击穿强度一般为 40 ～ 50kV/mm；

　　　U_m——系统运行过程中可能出现的最高运行线电压，kV，如 500kV 系统最高运行电压为 550kV；

　　　k_1——劣化系数，指 1h 耐压值与海底电缆设计寿命耐压值之比；

　　　k_2——温度系数，为常温时的破坏强度值和高温时的破坏强度值之比，与绝缘材料、工艺等有很大的关系，一般取 1.25；

　　　k_3——安全系数，基于应对不可预估的突发事件考虑，通常取值 1.1；

　　　n——寿命指数；

　　　t_1——电缆设计寿命；

　　　t_2——绝缘施加电场加压至击穿的时间，取 1h。

（2）绝缘厚度按雷电冲击耐压设计，交联电缆耐受雷电冲击电压所需绝缘厚度计算公式为

$$t_{IMP} = \frac{BIL \times k_1' \times k_2' \times k_3'}{E_{LIMP}} \qquad (2\text{-}6)$$

式中　BIL——基准冲击电压水平，根据 GB/T 22078—2008《额定电压 500kV（$U_m = 550kV$）交联聚乙烯绝缘电力电缆及其附件》，

雷电冲击水平取 1550kV；

k_1' ——雷电冲击劣化系数，考虑到雷电冲击而产生劣化时，取 1.1，不存在对正常运行系统进行反复雷电冲击而产生劣化时，取 1.0；

k_2' ——雷电冲击温度系数，考虑与工频温度系数一致，取 1.25；

k_3' ——雷电冲击安全系数，考虑与工频安全系数一致，取 1.1；

E_{LIMP} ——冲击击穿电压最小击穿强度，交联聚乙烯绝缘通常取 80kV/mm。

2. 直流交联聚乙烯

直流交联聚乙烯绝缘海底电缆由于绝缘内存在空间电荷问题，标准交联聚乙烯材料不适用于高压直流，如北欧化工的超纯净低交联体系的 LS4258DCE（长期运行最高温度 70℃，不可用于常规直流）、住友 JPS 的官能团接枝体系（长期运行最高温度 90℃，可用于常规直流）、陶氏化学 HFDA 4401 DC（长期运行最高温度 70℃，不可用于常规直流）。在直流电压作用下，空间电荷将在绝缘层的陷阱中积聚，产生不利绝缘的电场峰值。为解决空间电荷问题，绝缘材料制造商研发了特殊配方的交联聚乙烯。目前有商业应用的是北欧化工的 LS4258DCE 和住友 JPS 的高压直流交联聚乙烯绝缘材料。国内绝缘材料开发起步较晚，尤其在高压直流方面，直流 500kV 等级超高压直流绝缘材料目前已完成开发，通过了型式试验验证，预鉴定和工程应用仍在准备中。

直流电缆绝缘厚度设计以额定电压和试验电压作为计算依据，相关击穿场强数据和老化寿命指数由试验获得。

按照试验电压进行设计，试验电压下的设计场强用下式计算

$$E = \frac{E_{bd}}{K_1 \cdot K_2 \cdot K_3} \tag{2-7}$$

式中 E —— XLPE 绝缘在额定直流电压下的设计场强；

E_{bd} —— XLPE 绝缘在高温下的短时直流击穿场强；

K_1 ——安全系数，通常取 1.2；

K_2 ——老化系数；

K_3 ——电压系数，型式试验电压（$1.85U_0$）与额定直流电压（U_0）之比，取 1.85。

按照长期运行电压进行设计，额定直流电压下的设计场强同样可按式（2-7）进行计算，其中，K_3 应取 1。

此外，还须考虑绝缘厚度产生的内外温度梯度对绝缘电导率特性分布的影响。

二、乙丙橡胶绝缘（EPR）

乙丙橡胶是基于 Ziegler-Natta（卤化烷基铝和钒系化合物）立体有机催化体系，采用悬浮法或溶液法，以乙烯和丙烯为主要原料共聚而成的一种合成橡胶。根据乙丙橡胶绝缘的基本结构组成，可分为二元乙丙橡胶（EPM）和三元乙丙橡胶（EPDM）。与交联聚乙烯相比较，乙丙橡胶的介质损耗因数和相对介电常数较大，不适用于超高压系统。但乙丙橡胶具有良好的弹性、耐老化性、绝缘性能、耐气候性能，且吸水性小，浸水后介电性能基本不衰减，因此常用于动态海底电缆等对于弯曲性能和抗水树性能有较高要求的产品中。其绝缘设计一般参照交联聚乙烯进行。

三、充油电缆用纸绝缘

充油电缆制造工艺相当复杂，供油装置也很复杂，在海底电缆受损时漏油会对环境产生难以预测的影响。其绝缘由不同厚度的绝缘纸带（厚度为 50 ～ 180μm）绕包而成，在超高压交流电缆中，薄纸带用在靠近导体的场强较高处，厚纸带绕制在绝缘外层，绝缘的叠层厚度设计提供了良好的弯曲性

图 2-10 充油海底电缆

能。充油电缆运行时由岸上供油装置将油及油压传递到电缆所有部位，当电缆因负载变化出现收缩或膨胀时，绝缘油压将由供油装置进行补偿。当电缆损伤时，为保证绝缘性能而通过绝缘油压调节进行补偿。根据电缆的设计，可采用不同的措施提供油道。单芯电缆的中空导体，中空部分作为油道；有的在金属护套下还有油道，成为双油道结构，目前该结构已被淘汰。充油海底电缆如图 2-10 所示，自 20 世纪 80 年代以来，以纸层和聚丙烯层组成的复合结构已作为复合绝缘材料，用于最高直流

800kV 的充油电缆，这种材料绝缘强度更高，介质损耗比牛皮纸低，因而也适用于高性能的超高压交流电缆。

四、黏性油浸纸绝缘

黏性油浸纸绝缘电缆适用于海底大功率直流输电，与充油电缆相比，黏性油浸纸绝缘电缆需要不同的绝缘纸，一般选用高密度纸。为了制造高性能的电缆，绝缘绕包必须在受控的湿度和极高洁净度条件下进行。当电缆处于冷态时，绝缘绕包间隙内存在小气孔，在电场作用下可能产生局部放电，同一位置的多次重复局部放电将使绝缘纸裂解，最终导致击穿，因此油浸纸绝缘电缆不能用于高压交流场合；当电缆逐步变热，浸渍剂会膨胀并填满所有可能的气孔；热态黏性油浸电缆的绝缘强度远高于冷态黏性油浸电缆。当电缆受损时，不会对环境产生漏油。

五、聚丙烯薄膜复合纸绝缘

聚丙烯薄膜复合纸绝缘（polypropylene-laminate paper，PPLP）是由日本 J-Power 公司研制的一种复合绝缘纸。PPLP 由两层牛皮纸和一层 PP 膜复合而成，其复合方式多样，故可形成绝缘物质不同的 2 层、3 层或更多层结构，其介电强度和介质损耗小于普通牛皮纸。严格意义上来说，PPLP 是黏性油浸纸绝缘的一种，PPLP 从传统的牛皮绝缘纸改良而来，它不仅提高了电气绝缘性能，而且聚丙烯层成为屏障，能抑制绝缘油脱油，使其在高温下也能使用，提高了纸绝缘海底电缆的长期运行温度。因此，PPLP-MI（MI，mass impregnated，浸渍纸绝缘）直流海底电缆的输电容量比传统的牛皮 MI 直流海底电缆增加了约 30%。

六、超导电缆绝缘

超导电缆绝缘由热绝缘层和电绝缘层构成。热绝缘层通常由同轴双层金属（常见为不锈钢或铝合金）波纹管套制而成，两层波纹管间抽真空并嵌有多层防辐射金属箔。金属波纹管可使超导带材与外部环境实现绝热，保证超导体安全运行的低温环境，并可使电缆具有一定的柔性，便于运输和安装。

电绝缘层按照绝缘介质的工作温度可分为常温绝缘和低温绝缘。常温绝缘通常采用可靠性较高的常规电缆绝缘材料,如聚乙烯、交联聚乙烯等。低温绝缘一般采用绕包型,可选材料主要有聚酰亚胺、聚芳酰胺纸和聚丙烯薄膜复合纸,对绝缘材料的要求主要有:①介电性能,要求较低的介电常数、介电损耗和足够高的介电强度;②机械性能,要求绝缘材料有足够大的拉伸强度、弹性模量和合适的延伸率,以便减小占空率;③热学性能,要求绝缘材料的热膨胀系数与超导电缆其他部分相匹配,对于导体内层,要求绝缘材料有良好的动态热机械性能、热稳定性和热传导性,以便易于冷却,外层绝缘材料则需要良好的绝热性;④光学性能,要求具有较好的透明度,以便于施工和检查瑕疵。上述三种材料中,聚丙烯薄膜复合纸在液氮温度下的综合性能较为理想,成为目前低温超导电缆的首选绝缘材料。

第四节 金 属 套

一般金属套按照工艺结构类型分为铝套、铜套、金属带(箔)塑料复合套、铅或铅合金套等。电缆金属套起到径向阻水、短路泄流、密封、机械保护和电场屏蔽等作用,对于海底电缆,还需要考虑金属套的海水腐蚀防护问题。

一、铝套

与铅套结构相比,铝套具有以下特点:①材料密度比铅小,整体电缆质量要轻于铅套结构;②铝的机械强度、抗疲劳强度、耐振性比纯铅高;③铝的导电、导热性好,电缆工作时护层损耗小,散热性好,有利于提高电缆的载流量。但是其在海水中耐腐蚀性较差,因此通常应用于陆上电缆,一般不用于海底电缆。

二、铜套

铜套常见形式有焊接平滑铜套或焊接轧纹铜套。轧纹铜套使用铜板卷包,然后采用焊机焊接后再轧纹,具有纵向焊缝,一般外径较大。铜套结构在电缆施工过程中可以承受较大的抗挤压、抗剪切及侧面支撑能力,具有良好的机械性能和导电性能,缺点是外径和质量较大,铜套在大长度缆芯中焊接困难。对于海底电缆而言，长距离的铜套焊接很难保证密封性，且制造成本高，耐腐蚀性能较差，一般不用于海底电缆结构中。

三、金属带（箔）塑料复合套

金属带（箔）塑料复合套具有阻水性能，但抗外力破坏能力低，受破坏后阻水能力下降，因此在海底电缆中应用金属带（箔）塑料复合套结构具有一定的风险，一般应用在环保要求较高的水域以替代重金属铅，避免铅对环境造成影响。

四、铅或铅合金套

一般中高压交联海底电缆中，无缝铅套是常见的金属套结构形式，主要材料为铅或铅合金。纯铅的化学稳定性、耐腐蚀性好，但其机械性能、抗疲劳强度不足，实际生产中一般采用铅合金材料，以保证海底电缆在海水中的寿命和机械防护性能。挤铅工序是指在海底电缆缆芯表面挤包无缝铅套的制造环节，通过压铅机高压挤出熔融后的铅液至模头，并通过模座里的模芯和模套使铅流到缆芯表面，经过冷却后在缆芯表面形成光滑圆整的无缝铅套结构。为防止挤铅过程中高温对交联线芯的影响，一般交联线芯绝缘屏蔽与铅套之间应包覆一层半导电阻水材料，以起到保护绝缘线芯和纵向阻水的作用，同时也保证了金属屏蔽层与绝缘线芯在电气上的接触。

由于铅合金套结构具有防腐性能好，在海底复杂条件、恶劣工况下具备良好的阻水性能和机械性能等特点，因此铅套在海底电缆领域应用广泛。几种常用铅合金型号规格及其材料成分见表 2-1。

表 2-1　　　　　　　　　　不同铅合金材料的成分对比

合金名称		合金元素比例（按质量）				
EN50307 标准名称	常规名称	砷	铋	镉	锑	锡
PK012S	1/2C	—	—	0.06%～0.09%	—	0.17%～0.23%
PK021S	E	—	—	—	0.15%～0.25%	0.35%～0.45%
PK022S	EL	—	—	—	0.06%～0.10%	0.35%～0.45%
PK031S	F3	—	—	—	—	0.10%～0.13%

结合大量生产验证，工程上一般选用 E 铅合金。E 铅合金加工性能优良，生产工艺稳定，适合大长度铅护套连续挤出。铅套厚度设计通常按式（2-8）计算

$$t_{Pb} = \alpha D + \beta \qquad (2\text{-}8)$$

式中　t_{Pb}——铅套标称厚度，mm；

　　　D——铅套前假定直径，mm；

　　　α——计算系数，取 0.03；

　　　β——计算系数，单芯海底电缆取 1.1，分相铅套海底电缆取 0.8。

若实际工程中铅套厚度经过验算后不满足短路容量的需求，需增大铅套厚度或采取其他措施提升金属屏蔽层的短路电流通过能力。

第五节　非金属内护套

铅套外挤包非金属内护套通常采用聚乙烯（PE）材料，其主要作用为防水、防潮及机械保护；其次也起到电气防护的作用，当电缆遭受短路和过电压冲击时，PE 护套需要能够耐受由此所产生的感应电压或减少产生的感应电压。因此聚乙烯（PE）内护套一般有绝缘型护套（ST7 型）和 PE 半导电护套两种方案。

一、绝缘型护套（ST7 型）

以挤包聚乙烯（PE）为基料的绝缘型护套（ST7 型），具备较强的耐受电压能力，材料的短时工频击穿场强一般不小于 35kV/mm。但对于远距离的海底电缆，随着海底电缆长度的增加，其感应电压不断增大，可能超过护套可承受的范围，因此需要沿海底电缆长度方向以一定的间隔距离将金属铅套和铠装层采用导电铜编织带或导线进行短接，以降低绝缘护套承受的过电压，短接点需做好防水处理。例如，南方主网与海南电网联网工程的海底电缆，每隔 8km 将海底电缆铅套外的铜带和铠装层之间短接一次，护套上电压最大值为 26.2kV。

二、PE 半导电护套

以挤包 PE 为基料的半导电护套在绝缘护套材料中添加微量的导电材料

（一般为具有导电特性的炭黑），以增大内护套的电导，降低金属护层与铠装层之间的电压差。随着内护套电阻率降低，感应电压显著降低。但是，内护套电阻率较低时，正常工作时内护套中通过的电流也较大，需考虑护套的电流腐蚀问题。因此，在实际工程中应综合考虑金属护层感应电压、护套泄漏电流和材料的耐受特性，合理选择护套的电阻率。

两种方案的选择需考虑具体的工程需求，采用绝缘型护套虽然具备较高的耐电压能力，但短接工序中需要破坏绝缘护套，如采用数量较多的短接点，必然影响工程可靠性；而且对于三芯海底电缆，短接工序操作难度更大。采用 PE 半导电护套方案，需合理选择护套的电阻率，防止通过护套的泄漏电流过大，导致发热或电流腐蚀。

第六节　金　属　铠　装

海底电缆在安装敷设过程中需经受较大张力的作用，张力不仅来自敷缆时悬挂海底电缆的质量，还包括敷设船垂直运动产生的附加动态力；同时，海底电缆在运行过程中还可能遭受海中安装机具、水下设备、礁石、渔具和锚具等物体带来的外部威胁；除此之外，海底电缆在较长的登陆段施工敷设过程中，一般需要通过卷扬机或牵引装置拖曳海底电缆上岸，实现海底电缆的整体移动。这些受力情况中海底电缆的关键承力元件为金属铠装层结构，对整个海底电缆主要起到关键的机械保护作用。

在电气性能方面，金属铠装层若与铅套层短接后互联接地，还可以起到短路泄流的作用，从而增大金属屏蔽层的短路容量，保障海底电缆长期运行过程中发生故障时的安全裕度。

海底电缆相关标准一般推荐采用镀锌钢丝、铜丝或者其他耐海水腐蚀的金属材料作为铠装层材料。镀锌钢丝、铜丝铠装样式如图 2-11 所示。各种金属铠装材料的性能对比如表 2-2 所示。

由表 2-2 可知，钢丝和铜丝的主要性能差异点在于磁导率和电阻率。一般镀锌钢丝相对磁导率为 $200 \sim 400\text{H/s}$，在交流电情况下，铠装层中会形成较大的磁滞损耗，显著降低海底电缆的载流量，而铜丝铠装相对磁导率非常小，损耗将大大降低。鉴于铜丝和钢丝材料价格差异较大，实际铠装材料选型和结构设计时需要同时考虑载流量、短路电流及制造成本等方面的因素。

以国内某 500kV 单芯海底电缆项目为例，同规格海底电缆钢丝、铜丝铠装损耗计算结果对比如表 2-3 所示。

(a)　　　　　　　　　　　　　　　　(b)

图 2-11　典型金属铠装结构

（a）镀锌钢丝铠装；（b）铜丝铠装

表 2-2　　　　　　　　　　金属铠装材料性能对比

材料性能	单位	镀锌圆钢丝铠装	镀锌扁钢丝铠装	圆铜丝铠装	扁铜丝铠装
密度	kg/m³	7.80×10^3	7.80×10^3	8.89×10^3	8.89×10^3
材料规格（直径或厚度）	mm	4.0、5.0、6.0、7.0、8.0	2.0、2.5、3.0、3.5	4.0、5.0、6.0、7.0、8.0	2.0、2.5、3.0、3.5
相对磁导率	H/s	200 ～ 400		0.999	
电阻率（20℃）	Ω·m	1.38×10^{-7}		1.75×10^{-8}	
抗拉强度	N/mm²	340 ～ 500			

表 2-3　　　　　　　钢丝、铜丝铠装海底电缆损耗计算结果对比

序号	单芯海底电缆截面积（mm²）	铠装型式	铅套与铠装层总损耗因数	铠装短路电流（kA/1s）	海底段载流量（A）
1	1×1800	$\phi6.0$ 铜丝铠装	0.496	224	1664
2		$\phi6.0$ 钢丝铠装	2.857	113	1011

由表 2-3 可知，铅套和铜丝铠装的总损耗要明显小于铅套和钢丝铠装总损耗，铜丝铠装可明显提升海底电缆的输送容量和短路电流。实际工程应用中，海底电缆的载流量瓶颈段一般为海底电缆的登陆段，若考虑成本因素，可在此处采用钢、铜丝混合铠装或钢丝转接铜丝的铠装形式。这样不仅可以降低海底电缆的制造成本，还可以提升海底电缆整体的载流量。

第七节　光　纤　单　元

光纤复合海底电缆通常在海底电缆护套层和铠装层之间布置光纤单元，可用于对海底电缆运行状态的监测及应急通信。光纤复合海底电缆典型结构如图 2-12 所示。

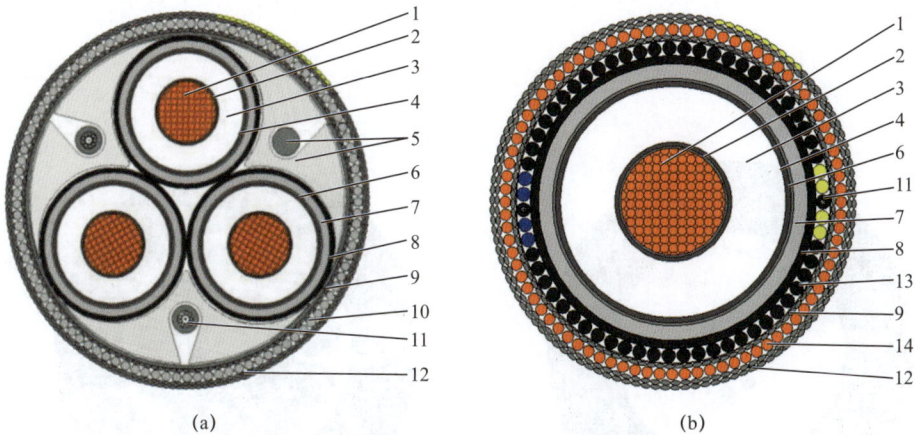

图 2-12　典型光纤复合海底电缆结构图

（a）三芯交流光纤复合海底电缆；（b）单芯交流光纤复合海底电缆

1—阻水导体；2—导体屏蔽；3—XLPE 绝缘；4—绝缘屏蔽；5—填充；6—纵向阻水层；
7—合金铅护套；8—半导电 PE 护套；9—PP 绳内垫层；10—金属铠装层（镀锌钢丝）；
11—光纤单元；12—外被层（沥青 +PP 绳）；13—PE 填充条；14—金属铠装层（铜丝）

一、光纤单元结构

光纤复合海底电缆一般采用中心束管式不锈钢管光纤单元。不锈钢管光纤单元具有较大的抗拉强度、抗侧压能力，尺寸较小，而且可以设计较大的光纤余长。按不同铠装情况进行分类，光纤单元可分为无铠装光纤单元和钢丝铠装光纤单元。为了保证不锈钢管光纤单元与其他金属材料形成隔绝，要在不锈钢管外挤制一定厚度的聚乙烯护套。典型光纤单元结构如图 2-13 所示。

二、结构尺寸

光纤复合海底电缆专用光纤与一般光缆所用光纤不同，需采用高强度、大长度、低损耗光纤。在设定光纤筛选水平时，首先考虑的因素是敷设时承受的拉力与伸长，因此海底电缆中的光纤宜能承受较高强度、较大筛选应变。光纤单元中的光纤余长在一定程度上决定了光纤复合海底电缆的拉伸性能，在设计时应考虑到光纤复合海底电缆的使用环境及敷要求，以及不同电压等级、截面产品的情况，根据光纤复合海底电缆可能的最大应变设计合适的光纤余长，确保光纤复合海底电缆在受到最大应变时光纤不受力，不影响光通信传输性能。

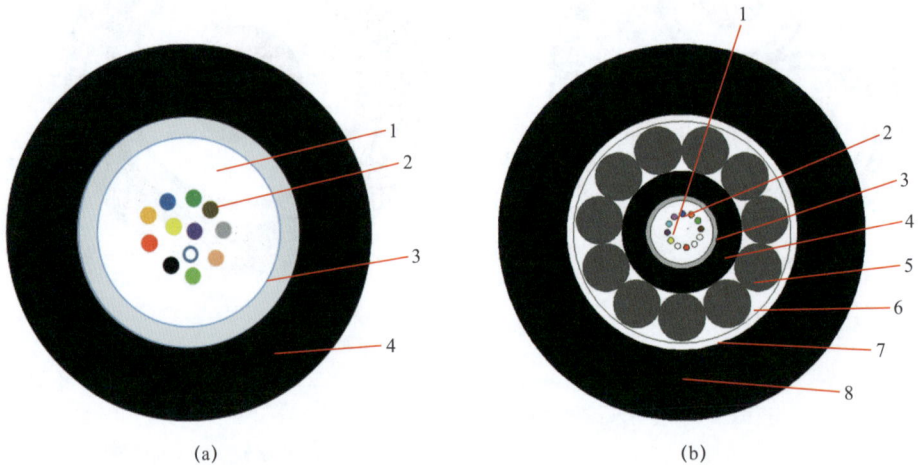

图 2-13　典型光纤单元结构图

（a）无铠装光纤单元结构；（b）钢丝铠装光纤单元结构

1—纤膏；2—光纤；3—不锈钢管；4—HDPE 护套；5—铠装钢丝；

6—阻水胶；7—阻水带；8—HDPE 外护套

三、技术参数

光纤复合海底电缆中应用的光纤单元，通常需要特殊考虑光纤单元的力学性能。光纤单元保护管一般采用不锈钢管作为保护材料，不锈钢管厚度为 0.2mm 或 0.3mm，直径为 0.9 ～ 4.0mm。利用激光焊接设备将不锈钢带焊接成内有光纤的不锈钢管，在线配有余长控制、张力控制及检测等设备，保证光纤的衰减性能和不锈钢管的质量。在不锈钢管中填充阻水膏可以有效保护光纤，使光纤免受潮气侵蚀和水分进入，并使得光纤单元在海底电缆短路时能承受较高的热效应温度，保证光纤的传输性能等不受影响。同时，由于阻水膏具有良好的触变性，当光纤单元受到弯曲、振动等外力作用时，阻水膏在外力作用下膏体软化，缓冲应力，对光纤起到保护作用。光纤技术参数如表 2-4 所示。

表 2-4　　　　　　　　　　　　光纤技术参数

	项目	单位	标称值
技术参数	最小断裂负荷（UTS）	kN	13
	瞬时拉力标称负荷（NTTS）	kN	9
	正常操作标称负荷（NOTS）	kN	4
	永久拉伸标称负荷（NPTS）	kN	2
	最小弯曲半径	m	0.5
	允许拉伸力	N	长期 600，短期 1500
	允许侧压力	N/10cm	长期 300，短期 1000
	工作温度	℃	−10 ～ +40
	操作温度	℃	−15 ～ +45
	存储温度	℃	−30 ～ +60

第三章

海底电缆制造技术

第一节　静态海底电缆制造技术

一、生产工艺流程

静态海底电缆生产工艺流程如图 3-1 所示，其中，阻水导体绞合（框绞机）、三层共挤、铅护套挤出（压铅机）、PE 护套挤出（挤出机）、金属丝铠装为特殊过程。整个生产工艺流程中三层共挤、铅护套挤出（压铅机）、PE 护套挤出（挤出机）、金属丝铠装等工序为工序质量控制点。

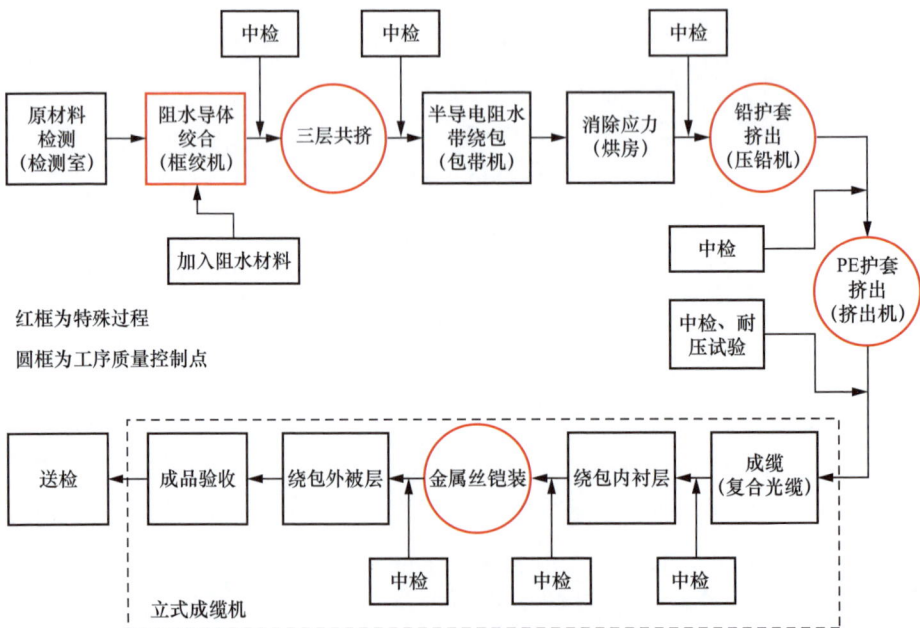

图 3-1　静态海底电缆生产工艺流程

二、关键制造装备

（一）铜大拉机

拉丝工艺一般有圆线拉丝、型线拉丝、扁线拉丝等加工工艺。海底电缆导体采用圆金属单线，需经过多次拉伸，拉伸过程常用的设备是带连续退火功能的多模滑动式拉丝机（又称铜大拉机），典型铜大拉机如图 3-2 所示。典型铜大拉机加工的铜单线主要参数如表 3-1 所示。铜大拉机利用多个不同直径的模具组合来拉制铜杆，每一轮模具称为一个拉制道次。从铜杆到单线，需要经过多个拉制道次，其模具的选择是拉丝的关键，此过程称为配模。对拉丝机进行配模，首先需要确定拉制道次，然后确定延伸系数，最后调整模孔直径。

图 3-2　典型铜大拉机

表 3-1　　　　　　　　　　典型铜大拉机加工的铜单线参数

进线铜线坯直径	最大进线铜线坯直径（mm）	12.8
产品型号	圆形铜线单线直径（mm）	1.8～4.5
		4.5～6.2
	梯形线总面积（mm²）	35
最大生产速度（m/s）	圆形铜线（单线直径 1.8～4.5mm）	25
	梯形线	4
	异型线	4

对于铜杆而言，一般拉丝和退火同步连续进行，又叫作接触式电阻连续

退火，即给滚轮通电流，使滚轮发热给铜加热升温。退火的主要目的是使铜丝达到电阻率和伸长率的要求。电阻率与电气性能息息相关，其重要性不言而喻；而伸长率关乎铜单线的柔软度，如果单线伸长率不够（即单线过硬），可能导致绞制时出现单线翘起、单线不易成形的情况，称为硬丝问题。铜大拉机生产出的铜丝要求检测电阻率不大于 $0.017241\Omega\text{mm}^2/\text{m}$，伸长率不小于 25%。

（二）框式绞线机

1. 绞合工艺

导体绞合是将若干根直径相同或不同的单线，按一定的方向和规则扭绞在一起成为一个整体线芯的工艺过程。绞合导体线芯具有柔软、结构稳定、可靠性高、强度大等优点。单线从放线盘引出，通过分线板汇集到并线模架处绞合到一起，牵引装置将绞线拖动向前，通过收线装置卷绕到收线盘上。绞合是由被绞合单线绕绞线轴线以绞笼速度（等角速度）旋转和绞线以牵引速度匀速前进两种运动实现的，通过改变这两种运动速度的配合，即可调整绞线节距。

高压海底电缆一般采用具备纵向阻水性能的绞合导体。绞合时在每一层单线的外层纵包阻水带并通过阻水绑扎带绑扎固定，再通过外层单线的绞合，将阻水带绞入导体内，实现阻水效果。也有一些阻水导体不采用阻水带，而是在绞制的入口挤入阻水胶。在一定的水压下，阻水带并不能完全阻止水沿导体前进，而阻水胶可以实现完全密封，从阻水效果上来看，阻水胶更好，但是成本上阻水带更经济。因此在对阻水要求不高的情况下，一般采用有阻水带结构配置的生产线。

单线的绞制通常采用正规绞合，每层单线排列数量为 1+6+12+18+24+30，即导体正中间排列 1 根单线，第一层围绕该单线绞合 6 根单线，第二层 12 根，依次往外，每一层比前一层多 6 根单线。

绞合的工艺参数有绞入系数、绞入率、节径比、绞制螺旋升角等。绞入系数是在一个节距的长度下，单线展开长度与节距之比；绞入率是在一个节距的长度下，单线展开长度与节距的差值与节距之比；节径比是节距与直径的比值。螺旋升角越小，节距越小，生产效率越低；同时，节径比越小，绞入系数越大，单线用量越多，绞线导电性越差。实际生产中最重要的参数是节径比，其数值要求不大于 40。一般按照节径比和已知外径来确定每层的节距，其要求是每一层节径比比前一层小，即外层节径比比内层小，以此保证绞合的稳定性。

绞制考虑的工艺指标包括标称截面积、20℃导体直流电阻、节距范围、每层外径、单线排列规格、单线根数、绞合方向等。其中，20℃导体直流电阻是最重要的性能参数，可以说，大部分指标要求都是为了达到直流电阻来服务的。比如，标称截面积只是作为参考，不一定要严格达到确定的数值，但因为导体直流电阻与截面积大小相关，当截面积达到规定的指标范围时，生产中为了保证效率可以不测直流电阻直接进行下一道工序。

2. 框式绞线机

导体绞合设备种类很多，从结构上分有框式、笼式、盘式、叉式、管式、筒式、无管式和跳绳式等绞线机；从绞合根数上分主要有 61、91、127 盘等绞线机。大截面的海底电缆导体绞合一般采用 91 盘或 127 盘框式绞线机（简称框绞机）。

框绞机主要包含绞体、并线模架、牵引、绕包和收线装置，根据所生产导体的截面积可配置不同数量的放线盘。国内最大框绞机生产的放线绞体为 6 段，放线盘数量可达到 127 盘，最大可实现截面积为 3500mm² 导体的生产。框式绞线机典型结构如图 3-3 所示。

图 3-3　典型框式绞线机

框绞机主要组成部分如下：

（1）分段式放线绞体。根据绞线的层数和每层的单线根数，绞线机一般设有多段分别旋转的绞体，适宜绞制各层根数不同、绞向不同的绞线。分段式放线绞体是绞合设备的主体，放线盘比较多，占绞合设备整体的大部分。

（2）并线模架。每段绞体后面都需并线模架，用于安装绞线模具，为并线、紧压提供支撑。

（3）牵引装置。框绞机的动力部分，采用电动机来带动机械运动，有单牵引和双牵引两种形式，现在大多采用双牵引。

（4）收线装置。有单独拖动的力矩电机收线装置，也有机械传动的收线装置和滑车式收线装置。

由于海底电缆导体具有单根长度长的特点，其收线装置应采用主动旋转托盘形式，以消除导体盘线过程中的扭转应力。为存储大长度的海底电缆导体，托盘直径不小于5m，承重一般不低于200t。在导体外表面或半导电绕包带外一般绕包一层聚酯带，起到临时保护的作用。

由于海底电缆生产基地一般邻近码头，空气湿度较大，并且存在阴雨天气等影响，导体中的阻水材料如长时间放置会吸潮变质，造成导体氧化。在绝缘挤出过程中，也可能受热产生水汽，影响绝缘性能。因此导体旋转托盘需具备加热除潮气功能，在导体旋转托盘中安装热风干燥机，采用干燥的加热空气对导体进行加热，去除潮气，托盘四周采用围挡包围，起到保温作用。但为防止温度过高，造成导体氧化，旋转托盘内部应具备温度控制和监测功能。生产的海底电缆不应存储过长时间，应及时进入下一道工序。

此外，还有电气、液压、气压控制装置和分线板、压模、压型、预扭、绕包、自动停车等装置。

（三）三层共挤立式交联（vertical continuous vulcanization，VCV）电缆立塔生产线

VCV生产线包括U型、L型、V型几种。该生产线具有垂直布局的特点，可以从根本上解决绝缘因重力作用下垂造成的偏心，可以较为方便和快捷地调节和控制绝缘偏心度，在电压等级越高、绝缘厚度越大的海底电缆上效果越明显。但VCV生产线的初始投资较大，需要建造立塔，塔高一般在100m以上，一座立塔内可配置若干条VCV生产线。截至目前，最大的立塔可以做到一塔六线。VCV生产线的核心装备是三层共挤生产设备，通过绝缘材料和半导电屏蔽料在洁净条件下三层一次性挤出，保证绝缘具有良好的电气绝缘性能。典型三层共挤 VCV 生产线立塔内景如图 3-4 所示。

图 3-4 典型三层共挤 VCV 生产线立塔内景

为了实现三层共挤和硫化过程的精确完整，生产过程中的温度控制十分关键。对于 110kV 及以上交联生产线，一般会设置导体预热器，导体在三层共挤前后都要进行预热以达到合适的温度。预热温度一般控制在 70 ～ 100℃，比较接近材料在机头挤出的温度，这样可以减小导体和绝缘之间的温度差，改善绝缘的附着力，消除残余应力，缩短交联时间，提高 20% ～ 60% 的生产速度。除此之外，导体预热还能去除导体的潮气，降低绝缘产生水树的风险。

交联管道由加热段、预冷段和冷却段三部分组成。在预冷段，用氮气对绝缘线芯进行预冷却，可防止高温芯线因骤冷产生内应力，同时也防止水浸入绝缘内。由于氮气的冷却效率低于水，在此段采用双层夹壁钢管，夹壁层内通冷却水，对氮气进行冷却降温。

（四）三层共挤悬链式交联（catenary continuous vulcanization，CCV）电缆生产线

CCV 生产线装备不受厂房高度的限制，可以根据常规厂房进行设计。CCV 生产线装备包括主机、净化设备、交联管等，具有初始投资小、生产效率高等特点，但是在生产过程中未交联的聚乙烯树脂会在硫化管中受热下垂，造成偏心度过大的问题。目前德国特乐斯特公司和瑞士麦拉菲尔公司的高压悬链式硫化生产线绝缘偏心度的控制水平已经可以接近 VCV 生产线的水平，特乐斯特公司的圆度稳定系统和麦拉菲尔公司的进端热处理装置技术均可采用在上端密封和第一段硫化管中通过充入氮气对绝缘表面进行冷却的

方式，使绝缘产生向内的收缩以减小下垂，同时配合前后双旋转牵引，使海底电缆在硫化管中稳定旋转，防止绝缘沿同一方向流动下垂，从而保证海底电缆的偏心度。除双牵引旋转装置外，CCV 生产线也可利用测偏仪在线监测偏心度，通过调节机头的预调偏螺丝，在生产前排胶，观察各层厚度来控制偏心度在合格范围内。典型三层共挤 CCV 生产线如图 3-5 所示，其显示仪如图 3-6 所示。

图 3-5　典型三层共挤 CCV 生产线

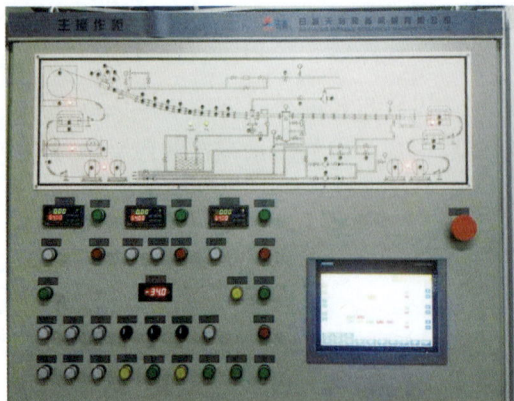

图 3-6　三层共挤 CCV 生产线显示仪

（五）大长度海底电缆除气设备

一般海底电缆除气设备分为盘具专用除气烘房和地转盘式除气烘房两种。盘具专用除气烘房由储热烘房、地面轨道、装盘轨道车、成缆托盘、加热装置和电气控制系统组成，其优点在于结构设计简单、占地空间小、设备初始投资少等，适用于短段陆上电缆和海底电缆绝缘副产物除气处理。地转盘式除气烘房主要应用于大长度海底电缆和海底电缆线芯除气，由地转盘本体、缓冲垫层、保温层、电加热装置、热导流系统及电气控制系统组成，其优点有设备空间充足、性能稳定、温控准确、除气效率高等，但设备初始投资较大。由于海底电缆生产模式以大长度生产为主，所以除气设备多采用地转盘式除气烘房。

按照加热方式分，除气烘房可分为电加热和蒸汽加热两种。电加热方式采用电加热箱作为加热装置，以鼓风机作为主要热导流设备，利用热传导法由热空气慢慢渗透到海底电缆中去逐渐排出气体。电加热具有设备安装方便、温控准确、工艺成熟等优点，但设备使用成本较高。蒸汽加热利用管道蒸汽作为热源，以加热瓦作为加热装置，同样采用鼓风机作为主要热导流设备。其优点是使用成本低，但初始设备改造成本较大。典型的转盘式除气托盘如图 3-7 所示，除气托盘温度控制仪如图 3-8 所示。

图 3-7　典型的转盘式除气托盘

图 3-8　除气托盘温度控制仪

（六）连续挤铅设备

海底电缆挤铅机设备主要由熔铅炉、主机、冷却系统、电气控制系统、温度控制系统、放线和收线装置等部分组成，挤铅机机组如图3-9所示。主机包括模座、机身、传动机构、主电动机、底座等。主电动机采用直流电动机，电动机与齿轮之间有保险锁，机头有液压机构用于调整铅层厚度和更换模具，出口铅管的厚度由4只调节螺栓调节，在出口处有冷却水管用来快速冷却铅套以保证得到细密的晶体组织。

图 3-9　典型挤铅机机组

机身由螺套和螺杆组成，螺套内有凹槽，螺套外有电热器槽，可安装电热器及螺旋冷却水管，以便调整和控制机身上下各部分的温度，使进入机身的液体经冷却凝固后被挤出。机筒外套有封闭式冷却水槽，机筒内孔设计为锥形，设有数条纵向凹槽，迫使铅顺槽上移，使铅液顺利流出。螺杆呈锥形，有等距不等深的螺纹，螺杆前部细且螺槽深，使螺杆推力面增大，铅受到较大的挤压力而被挤出。设备加热形式为电加热，冷却形式为机身水冷却。挤铅机各区参考温度如表3-2所示，挤铅机控制仪如图3-10所示。有五个测温点来调节机身各区的温度。已知铅的熔点在320℃左右，在正常生产时，熔铅炉温度设置为380℃，连接导管温度为364℃，机身下部温度为264℃，机身上部温度为226℃，机头顶部温度为282℃，机头底部温度为283℃。模具外设有空心的水冷却管，包裹着铅套，通过水冷却管注入冷却水，当铅管从铅套中出来立即被水冷却，以保证铅套有良好的结晶。冷却水的温度一般是室温，要求水温低于35℃。

表 3-2   各区参考温度设置

区域	模座	机身上部	机身下部	输铅管	熔铅炉	冷却水
温度（℃）	270～290	210～240	250～270	360～380	370～400	≤35

注 根据铅合金牌号进行合理调整。

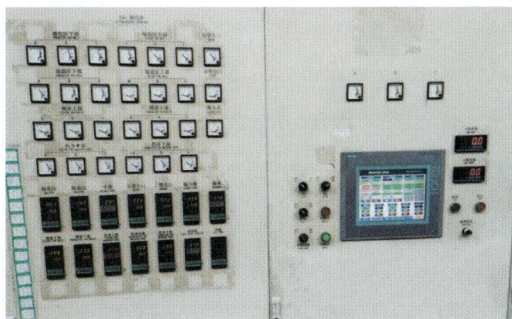

图 3-10   挤铅机控制仪

（七）护套挤出设备

挤塑生产线通常由放线装置、挤塑主机、冷却装置、火花试验机、计米器、牵引装置和收线装管组成。挤塑主机如图 3-11 所示，挤出螺杆是挤塑主机的关键，起到输送护套料和挤压、塑化、成型的重要作用，常用的螺杆有渐变型（等距不等深或等深不等距）、突变型、鱼雷型等。挤出温度可根据材料、挤塑主机型号、环境温度、挤出速度、外径、厚度等因素调整。挤出模具选择是控制挤包质量的关键因素。根据产品不同，模芯和模套配合方式主要有挤压式、挤管式、半挤管式，高压海底电缆护套多采用挤管式模具。海底电缆的护套挤出设备一般采用与挤铅设备串联的方式。

图 3-11   挤塑主机

（八）立式成缆铠装设备

多芯海底电缆内护套缆芯挤出后，还需要经过最后一道成缆铠装工序实现最终成品的制造。成缆是指在立式成缆机上将几根绝缘线芯绞合在一起，并用填充材料填充圆整，光纤复合海底电缆需要在成缆过程中添加光纤单元，然后用包带绕包。多芯海底电缆一般采用成缆、内衬层、钢丝铠装、沥青涂覆、外被层同时串联生产的方式。单芯海底电缆无须进行立式成缆工序，但在光纤单元复合成缆过程中也需要使用填充材料将光纤单元一起绞合缠绕到单芯缆芯表面，并制作内垫层。内垫层有绑扎、缓冲与保护海底电缆的作用，使用的材料一般为聚丙烯纤维绳。典型的立式成缆铠装设备参数如表3-3所示，立式成缆机如图3-12所示，铠装机如图3-13所示。

表3-3 立式成缆铠装设备参数

设备序号	设备参数					
	最大外径（mm）	放线盘具尺寸（mm）	节距调控（mm）	最大线速度（m/min）	钢丝放线盘（mm）	铠装绞笼
成缆机1	300	机转盘为ϕ24000，具有3个ϕ8800转盘，3个ϕ3150旋转线盘和6个ϕ3150固定线盘	1000～10000	20	ϕ800	共150盘，70+80
成缆机2	300	机转盘为ϕ24000，具有3个ϕ8800转盘，3个ϕ3150旋转线盘和6个ϕ3150固定线盘	1000～10000	20	ϕ800	共170盘，80+90

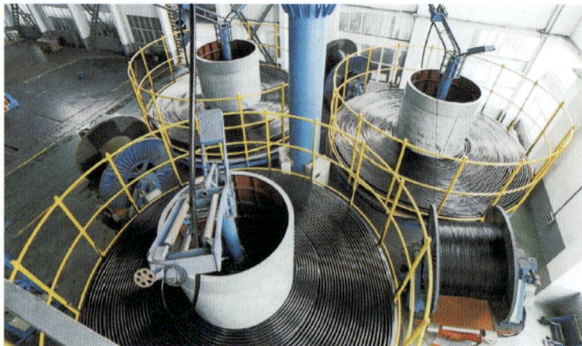

图3-12 立式成缆机

（九）海底电缆收线盘

海底电缆成品长度长、外径大、质量大，通常可采用固定式储缆池和智能旋转收线转盘两种形式进行储存。其中，旋转收线转盘可实现海底电缆无扭转储存，即海底电缆在收入转盘时，其转盘可与海底电

图 3-13　铠装机

缆同步转动，避免海底电缆本体扭转及受力损伤，一般适用于大规格、大长度高压海底电缆的生产储存。国内常用海底电缆收线转盘如图 3-14 所示，转盘直径通常为 20 ~ 40m，可承重 4000 ~ 15000t，满足大长度海底电缆的收线需求。转盘包含中心托盘、排线架和大功率牵引装置。中心托盘包括支撑底座、回转支撑轴和小转盘。排线架由龙门导辊支架、排线位置移动装置构成。牵引装置分上、下平带牵引两种型式，以气动方式实现压紧和张紧，具备正转和反转功能。

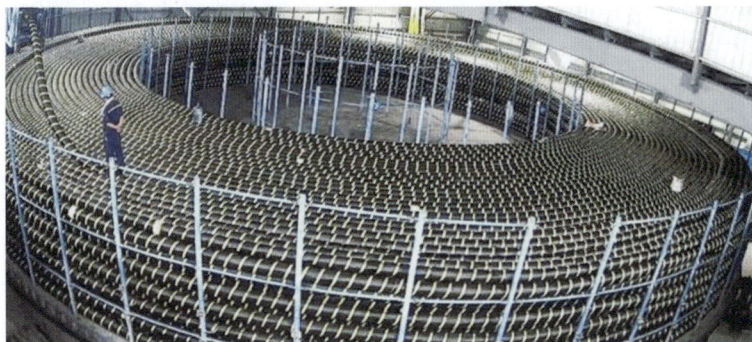

图 3-14　海底电缆收线盘

三、产品工艺流程及控制措施

（一）生产过程

1. 导体绞合

（1）工艺控制。海底电缆导体的生产对工艺控制要求较高：

1）根据每层紧压系数的配比精确计算分层紧压模具，模具采用纳米涂层金刚石材质，保证导体紧压、不松散；

2）自动调节放线张力，保证单线不被拉细；

3）阻水材料一般采用纵包或绕包方式，充分填充导体间隙，确保无空缺，阻水性能满足标准要求；

4）导体绞合单线节距严格按照工艺控制，节径比不超过规定值，铜单线充分屈服。

（2）质量保障。海底电缆导体的生产质量保障措施包括：

1）选用优质的铜丝和阻水带材料，所用铜丝20℃时的电阻率应满足GB/T 3953—2009《电工圆铜线》的要求，确保导体电阻达到标准要求；

2）框绞机配有自动断线检测功能，若有断丝，会自动报警并停机，保证导体完整不缺根，典型断线检测装置如图3-15所示，同时配备铜刷装置，可用于导体除尘；

3）导体最外层使用酒精擦拭，防止导体表面产生油污、铜屑等不良现象，导体表面应无损伤屏蔽及绝缘的毛刺、锐边及凸起或断裂的单线；

4）外层使用聚酯带绕包保护，防止导体和半导电绕包屏蔽损伤；

5）各种绞合导体不允许整芯焊接，绞合导体中的单线允许焊接，焊点距离不小于300mm。

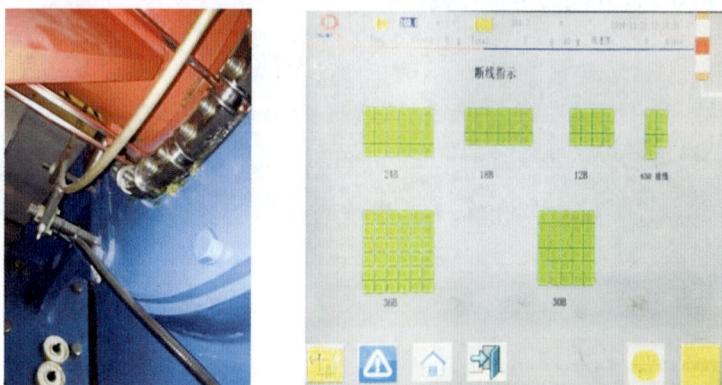

图 3-15　典型断线检测装置

2. 绝缘挤出

（1）工艺控制。屏蔽层和绝缘层的质量是影响交联聚乙烯绝缘光电复合海底电缆运行稳定性和寿命的关键性因素，因此在生产过程中须规避以下不良情况的发生：

1）屏蔽层和绝缘层挤出工艺不良，有塑化不好的颗粒或混有烧焦粒子；

2）屏蔽层存在向绝缘层方向的凸出，甚至导体屏蔽存在漏包、表面露铜等现象；

3）屏蔽层和绝缘层粘合不紧密，产生分层和缝隙；

4）绝缘屏蔽层厚度不均匀，表面凹凸不平，有尖角、颗粒、烧焦或擦伤的痕迹；

5）绝缘厚度、偏心度、热延伸不满足标准要求。

（2）质量保障。绝缘挤出生产质量保障措施包括：

1）采用高洁净度的屏蔽料和绝缘材料；

2）开机前充分检查模具、过滤板、过滤网、分流体、螺杆等，确保表面光亮无损伤、无残留胶料；

3）检查前后置预热器、加热系统、测偏仪工作状态，确保各系统正常工作；

4）检查整个加料环节，保证清洁度达到要求，开机后采用工艺转速排胶一定时间，确保流道清洁。

3. 半导电阻水带绕包

（1）工艺控制。

1）半导电阻水带可单独绕包，也可与三层共挤同步进行，半导电阻水层应采用具有阻水功能的弹性阻水膨胀材料；

2）绝缘芯线上采用符合工艺要求的半导电阻水带重叠绕包；

3）绕包重叠率控制在工艺范围内，充分达到纵向阻水要求；

4）按照工艺控制绕包带的张力和绕包角度，确保绕包平整。

（2）质量保障。半导电阻水带绕包生产质量保障措施包括：

1）绕包头采用分电机独立控制，绕包带张力均匀；

2）两个绕包头切换工作，确保绕包不间断；

3）接头采用专用半导电胶带粘接，保证电气性能一致。

4. 绝缘除气

（1）工艺控制。

在高压交联聚乙烯（XLPE）绝缘制备过程中，交联剂过氧化二异丙苯（dicumyl peroxide，DCP）分解并使低密度聚乙烯（low-density polyethylene，LDPE）交联生成 XLPE，DCP 分解产生的枯基醇和苯乙酮等交联副产物以杂质的形式存在于绝缘层内。这些杂质在较高电场下被分解，会加强局部电场强度，使绝缘材料内的电场发生畸变，从而降低绝缘的击穿场强。

为了减少交联副产物所带来的影响，可以采用加热的方式对绝缘进行去气。为此针对某 500kV 交流海底电缆设计了两项试验，所有试样都取自同一根绝缘线芯，试验同步进行，确保试验效果。

1）热失重法测量绝缘线芯副产物含量试验。

将取好的未经去气的线芯段去除导体后，沿径向切成圆环状片 6 片，厚度约 1mm，分别称重标记，然后置于 70℃烘箱中热处理，每 24h 称重记录一次。表 3-4 为样品试片质量损失记录。

由表 3-4 可知，24～36h 试片质量几乎没有变化，说明试片在 24h 内副产物去除趋于稳定。在 36h 后将烘箱温度升至 135℃后再放置 12h，质量同样没有明显变化，说明海底电缆在 70℃去气完成后，进一步提高温度并不能增加副产物的排出。

表 3-4　　　　　　　　　　试片质量损失（mg）

试样编号	0h	12h 70℃	24h 70℃	36h 70℃	再过 12h 135℃
试样 1	2745.3	2721.9	2717.0	2717.0	2717.0
试样 2	2763.6	2740.1	2735.1	2735.0	2735.1
试样 3	2750.2	2726.7	2721.8	2721.7	2721.7
试样 4	2802.6	2778.7	2773.7	2773.7	2773.7
试样 5	2792.7	2768.9	2763.9	2763.9	2763.8
试样 6	2775.4	2751.8	2746.8	2746.9	2746.8
总质量	16629.8	16488.0	16458.3	16458.2	16458.1
损失率（%）	0	0.853	1.031	1.032	1.032

2）烘房与不同温度下烘箱里段状绝缘线芯的热失重试验。

将取好的未经去气的线芯分成 12 段，每段 4～6cm，两端削切平整、清理干净，导体两端采取一定措施密封，使其更接近海底电缆本体去气效果，并用分析天平称重，质量精确到 0.1mg。三个编成一组，其中三组分别放入 65、70、75℃ 的烘箱中，另外一组放入烘房中与缆芯一起去气，每 2 天（48h）用分析天平对每个试样称重一次，并做好记录。在去气过程中，烘房按平均 70℃ 控制，最终试样总质量损失如图 3-16 所示。

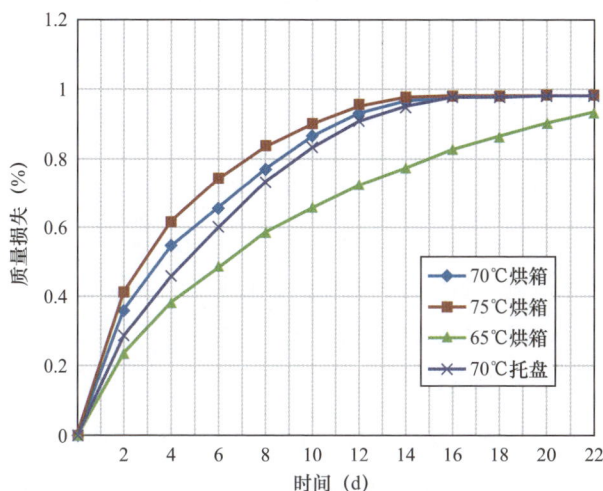

图 3-16　热失重质量损失曲线

由以上两个试验可以得出，温度对绝缘内副产物的去除影响较为明显，500kV 绝缘芯线在 70℃ 热环境中 23×24h 的去气效果可以达到工艺要求。

（2）质量保障。绝缘除气生产质量保障措施包括：

1）烘房内配备空气循环系统，使烘房内加热均匀，典型海底电缆专用除气托盘如图 3-17 所示；

图 3-17　典型海底电缆专用除气托盘

2）多个测温点分布于烘房各处，采集数据交由可编程逻辑控制器（programmable logic controller，PLC）处理，自动控制加温系统工作，保持内部温度恒定；

3）除气后取样进行热重分析（thermo gravimetric analysis，TGA），确保除气完全。

5. 铅套挤出

（1）工艺控制。

1）通过机头调偏装置调整挤出铅护套的偏心度，控制最薄点和最厚点厚度差绝对值在 0.5mm 以内；

2）控制螺杆转速，确保出铅量稳定，铅护套厚度满足工艺要求；

3）控制铅的熔温在 250℃左右，使铅锭熔化充分；

4）铅套的结构应为松紧适当的无缝铅管；

5）铅套的最薄厚度不得小于标称厚度的 95% 减 0.1mm。

（2）质量保障。大直径铅套挤出生产质量保障措施包括：

1）挤铅前缆芯放线时需要保证半导电阻水层表面完好，适应大长度大直径海底电缆挤铅需要的挤铅机头，配备稳定的机头冷却系统，使线芯在慢速通过机头时能够确保不被高温烫伤，达到了大长度大直径海底电缆的无缺陷挤制；

2）为适时控制压铅过程中铅护套的均匀性，对生产过程中的铅护套进行在线超声波检测；

3）串联挤塑生产线，将压铅工序和护套工序整合，使压铅后的海底电缆直接进入护套生产线挤塑，实现两道工序的流水化生产，保证产品质量和生产效率；

4）如果不采用挤铅挤塑联合，需要对铅套表面进行包覆，由于铅套十分柔软，生产过程中易出现表面划伤和压扁等问题，需要采用合适的过线导轮和挤出模具。

6. 内护套挤出

（1）工艺控制。

1）控制挤塑机加料口温度维持在 130℃以下，确保材料不提前熔融；

2）控制挤塑机熔融段温度维持在 170℃以上，确保材料塑化良好；

3）控制生产线速度和螺杆转速，与挤铅速度匹配，使挤铅和挤塑高度同步；

4）控制挤塑机前后牵引系数在 10 以上，使线芯通过模芯时不发生大幅抖动；

5）控制挤塑机用模芯和模套的拉伸平衡比在 1.02 左右；

6）通过机头调偏装置调整挤出护套的偏心度，控制最薄点和最厚点厚度差绝对值在 0.6mm 以内。

（2）质量保障。内护套挤出生产质量保障措施包括：

1）原材料使用前经过（45±5）℃烘制，使用过程中开启加料斗的加热装置，确保原材料干燥，避免生产过程中出现气孔；

2）挤塑机模具使用前经过充分检查和打磨抛光，确保表面光滑，不影响挤出质量；

3）开机前彻底清理挤塑机机身、螺杆和机头，确保无老胶残留；

4）开机前检查各加热瓦工作状态，确保运行正常，同时用开水校准热电偶，确保加温系统工作正常；

5）内护套挤出后采用分段冷却，通过逐级冷却保证挤出后不会因为较大的温差产生骤冷收缩，从而导致出现水点、起皱、竹节等不良缺陷，第一段冷却水槽水温控制在 50 ～ 60℃，第二段为常温冷却水冷却；

6）铅套与内护套同步挤出生产过程中，推荐采用备用电源设备，保证整条生产线在生产过程中不会因为突然的电气线路故障引起生产设备停机；同时收放线转盘的电机设备均采用"一用一备"模式，有效保障生产的稳定性，图 3-18 所示为海底电缆高分子材料护层生产线。

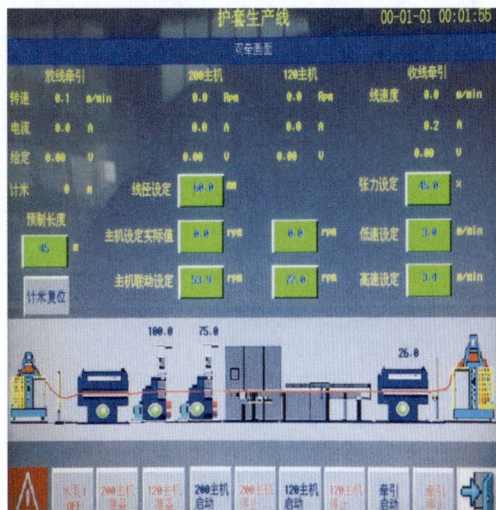

图 3-18　海底电缆高分子材料护层生产线

7. 成缆及光纤单元填充工序

（1）成缆工艺控制：

1）成缆线芯相序为逆时针

黄、绿、红三种颜色，排列平整，不得有叠起、损伤等现象；

2）成缆边隙填充采用专用填充条，其规格依照工艺规定，放置光缆时要小心操作，做填充条接头时应防止光缆受到损伤，要保证填充圆整；

3）成缆后衔接绕包两层涂胶布带，绕包应平整、紧密，重叠宽度符合工艺要求，涂胶布带绕包无翘边等不良现象，接头处采用双面胶粘接；

4）三芯电缆成缆后缆芯外形圆整，不圆度不大于 8%。

（2）成缆工艺质量保障：

1）成缆过程使用光时域反射仪（optical time-domain reflectometer，OTDR）实时检测光纤通断和衰减，确保光纤复合的质量；

2）控制盘绕和牵引设备速度同步，系统配有自动退扭功能，防止线缆扭结，防止发生弯曲和变形；

3）线缆经退扭以后，经导轮进入盘具进行盘缆，线缆盘绕逐层进行，并选择合适的盘绕方向。盘列整齐，防止线缆扭曲、变形。

8. 铠装及外被工序

海底电缆最突出的特点就是铠装，铠装工序主要包含内衬层、铠装层、外被层。三芯海底电缆的铠装工序可以与前面一道成缆工序进行同步生产，以便提升生产效率。

内衬层一般选用绕包聚丙烯（polypropylene）绳，简称 PP 绳，PP 绳排列须紧密，没有突出、缺失等不良现象。PP 绳根数和节距可根据实际情况由工艺文件确定。为保证测量节距的方便性，可使用黄色和黑色 PP 绳绕包。生产过程中，需要对 PP 绳绕包质量进行检查，若发现 PP 绳断线，应停机处理。

对于单芯光纤复合海底电缆，光纤单元复合工序采用圆形聚乙烯（PE）填充条和光纤单元同步绕包在内护套上，填充条直径略大于光纤单元直径以达到保护光纤单元的目的，同时光纤单元多于 1 根时需要均匀分布。光纤复合工序后绕包两层无纺布作为保护层，无纺布外绕包 PP 绳。

金属丝铠装层的作用主要是对海底电缆进行机械保护，以保证海底电缆安全运行和有足够长的寿命。铠装要有防腐保护，多数情况下以融化沥青浸涂铠装作为防腐保护。在铠装金属丝刚要进入模具前和通过模具后，分别用热沥青浸没。采用这样的工艺可以确保铠装金属丝的各个表面都能涂上沥青。在更换铠装金属丝或者其他铠装机停止工作时，要停止浸涂沥青，以免浸没在热沥青中的电缆过热。

在大长度海底电缆铠装生产过程中，容易出现钢丝起"灯笼"的现象。为避免钢丝起"灯笼"现象，钢丝放线盘须有张力，且张力可调；钢丝在分线板上分线须均匀；并线模具须选取尺寸适合的钢模，且内孔表面粗糙度不宜过大；采用笼式钢丝绞线设备进行钢丝铠装，对钢丝进行退扭；对于外径较大的电缆，收线时宜选用可旋转式托盘收线。

海底电缆外被层通常由两层绕向相反的 PP 绳绕包形成，外层 PP 绳绕向为左向，金属丝铠装外层应均匀涂覆沥青以达到防腐效果，内层 PP 绳表面也需均匀涂覆一层沥青。沥青可以防止海底电缆在海水里被腐蚀，同时也可以提高 PP 绳的附着力，可以避免海底电缆在生产制造运输过程中出现断线导致的外层 PP 绳散开，影响外观。

（1）铠装工艺控制：

1）铠装金属丝根数和节距均应按照工艺要求严格执行，在并线前铠装金属丝需经过预扭器进行预扭；

2）金属丝排列必须紧密、整齐，不得有跳线、重叠现象，金属丝之间的总间隙应不超过单根金属丝的直径；

3）铠装金属丝放线盘张力均匀，各盘张力在一定范围内一致，浅盘与满盘张力在一定范围内一致；

4）铠装金属丝的接续采用电动液压冷焊方式，保证焊接质量；

5）金属丝接头后用斜口钳、锉刀、细砂纸等工具将焊接处花边剪除、挫圆，并将压痕等沙光，修整完后应在铠装金属丝表面用笔型刷镀方式镀一层防腐漆，防腐漆材料主要成分为锌；

6）针对单芯海底电缆，若有要求，铠装过程中铅套与铠装金属丝应进行短接操作，以实现海底电缆的接地，从而减小海底电缆运行时铅套和铠装金属丝内的感应电流，降低海底电缆的损耗发热。

海底电缆单元集成（成缆）及铠装生产线如图 3-19 所示。

（2）铠装质量保障：

1）开机前通过拉力计校准铠装机张力监控传感器；

2）铠装金属丝在分线板上分布应均匀；

3）并线模具的内孔大小和粗糙度应合适；

4）整机主要部位均安装有在线监控，全方位监测生产过程；

5）铠装过程使用 OTDR 实时检测光纤通断和衰减，确保光纤复合海底电缆的质量。

图 3-19　海底电缆单元集成（成缆）及铠装生产线

（3）内衬层及外被层工序质量保障：

1）内衬层和外被层缠绕的 PP 绳绞合节距应调节到保证 PP 绳覆盖整个海底电缆表面不露间隙为准，PP 绳排列应紧密；

2）开机前通过拉力计校准铠装机张力监控传感器；

3）并线模具的内孔大小和粗糙度应合适；

4）最外层缠绕绳可使用不同颜色进行标识，特殊位置如工厂接头、分段点等处（若有）也可以缠绕不同颜色的 PP 绳以作标识，同时海底电缆成品表面每隔一段距离还需进行计米标识；

5）高压海底电缆一般采用旋转托盘收线，按顺时针或逆时针排列，盘绕应整齐；

6）整机主要部位均安装在线监控，全方位监测生产过程，使用 OTDR 实时检测光纤通断和衰减，确保光纤复合的质量。单元集成（成缆）及铠装在线监控系统如图 3-20 所示。

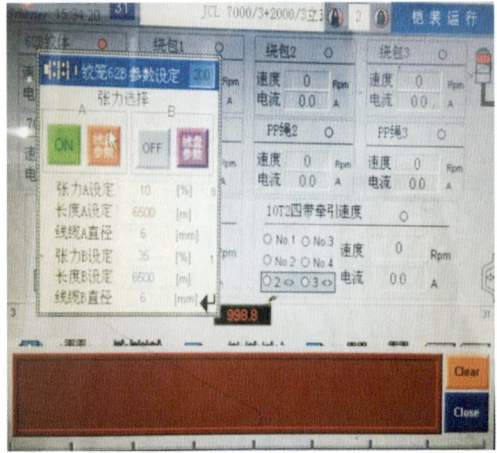

（二）质量控制措施

各工艺环节质量控制措施见表 3-5。

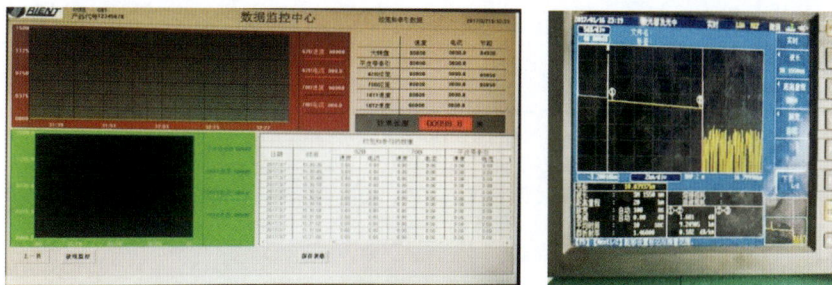

图 3-20　单元集成（成缆）及铠装在线监控系统

表 3-5　质量控制措施

工艺环节名称	主要关键措施	保障产品质量的作用
绞导体	1. 绞线工序使用框绞机，可制造 3500mm² 及以下圆形、扇形及异形导体。整体采用全自动电气控制，带放线张力控制及断丝报警功能。模具采用纳米金刚石拉拔模具。 2. 阻水材料采用逐层纵包或绕包方式	导体一次成型，紧压效果理想，表面光滑无毛刺，确保无断丝、缺丝等异常情况。阻水材料对导体完全包覆，阻水效果有保证
交联	1. 绝缘线芯生产可采用特乐斯特公司或麦拉菲尔公司生产的 VCV 全干式交联生产线或 CCV 生产线整机，配置内外屏蔽及绝缘三层共挤、重力落料、导体前后置预热等诸多控制技术，设备运行各参数均通过传感器采集反馈到总控电脑上。机头采用水加热方式，温控更加稳定。 2. 生产线配备 SIKORA 测偏仪，在线实时监测内外屏蔽、绝缘厚度，并自动计算偏心度，加强对交联结构尺寸的控制。 3. 建造百级净化或千级净化加料间，定期通过尘埃颗粒计数器进行检测，交联主机室配置空气净化系统，室内形成负压，确保材料使用环境的洁净。 4. 整条生产线（包括主动收放线装置）配备了大容量 UPS 不间断电源，在外部供电故障的情况下可维持生产线继续运行	控制屏蔽和绝缘的厚度在 0.2mm 范围内波动，偏心度 5% 以内，绝缘内外层受热均匀，交联反应充分。生产过程中各环节洁净度有保障，VCV 连续开机 30 天（CCV 连续开机 25 天）后微孔杂质试验符合产品标准要求，确保交联质量。设备运行情况监控及不间断电源确保大长度海底电缆生产的稳定
除气	1. 在托盘上专门设计研发大型除气装置，安装大型热风交换机，从盘绕缆芯下部将热风吹入，上部再吸入热交换机重新加热，并更新部分新鲜空气，利于副产物释放。大长度缆芯在盘缆时按规律留出间隙，这样使内外、上下受热均匀稳定。 2. 在除气装置上、中、下部位多点采用 PLC 进行测温控制，温度控制在 ±5℃范围内，控制准确	温度控制恒定准确，内外层线芯受热均匀，使得绝缘线芯除气充分
绕包	1. 采用变频电机控制，使用符合工艺要求的绕包带材。 2. 绕包张力和角度均可以调节	确保绕包工序重叠率均匀，绕包带材不起褶皱

续表

工艺环节名称	主要关键措施	保障产品质量的作用
挤铅	1. 挤铅机采用的机头，例如 ϕ200mm 型机头，出铅量可达到 20kg/min，铅护套外径最大可达到 200mm。 2. 设备配置超声波在线测偏仪，实时在线监控铅护套厚度。挤铅后连续不间断进行塑料护套挤出工序。 3. 在开机生产前均需进行机头预调偏，即在不通缆芯时，先生产一段铅管或者内护套，通过测厚仪测量各个点的厚度，判断偏心问题，从而调节机头的调偏螺丝来改变各个区域的厚度。如若铅管的上半部分较薄，就拧紧机头下方的螺丝	铅套厚度均匀，无杂质、划伤等缺陷，铅套后连续挤塑可避免铅套单独收盘可能造成的铅套粘连和褶皱问题
PE 护套挤出	1. 挤塑机配备了分离型（BM）螺杆，长径比 25：1，具有挤出量大、塑化性能好等优点。 2. 挤铅、挤塑及收线装置同样配备了大容量 UPS 不间断电源	使护套表面光滑圆整，横断面无气孔、杂质等缺陷。UPS 电源可避免电网波动对大长度缆芯生产的影响
光缆及填充	三根缆芯和复合光纤单元采用行星式机械组合在一起，光纤单元放置于绝缘线芯之间的边隙内，光缆采用中心束管式，配置钢丝加强件，满足对光缆的保护，防挤压、变形	四周的保护结构可以很好地保护光缆不受挤压而发生质量异常，保障数据通信的畅通
铠装层	1. 立式成缆机配备有大容量放线转盘，采用行星式退扭机制，每段绞笼均配有预扭器。 2. 牵引采用四面履带式牵引机。 3. 为满足铠装金属丝接续需要，专门配置了电动液压式冷焊机，保证金属丝接头抗拉强度，满足工艺标准	可使铠装均匀，应力有效释放，接头牢固。避免轮式牵引直径限制导致海底电缆过度弯曲影响质量
外被层绕包	1. 外被层采用双层加捻聚丙烯纤维绳绕制，内层涂敷沥青，既能防腐，又可以起到固定外被层的作用。 2. 外被层绕包采用分电机控制，绕包紧致密实	PP 绳绕包排列紧密、平整，沥青涂敷均匀
收放线	生产过程中所有工序及成品收放线均采用带旋转功能的主动收放线装置	有效避免应力对于成品、半制品质量的影响

（三）特殊检验

海底电缆的特殊检验项目主要包括导体透水试验、金属套下透水试验、接头径向透水试验和张力弯曲试验等。其中，导体透水试验通常需施加 1MPa 水压，持续 10×24h，导体透水距离应小于产品标准规定的距离，典型的高压透水试验装置见图 3-21。张力弯曲试验需保持试验张力以满足标准要求，试样完成三次卷绕和退出，弯曲方向不发生改变，典型的张力弯曲试验装置见图 3-22。

图 3-21 高压透水试验装置

图 3-22 张力弯曲试验装置

四、海底电缆工厂接头研制

工厂接头又称为软接头，是指在可控工厂条件下采用与海底电缆本体相同或相近的材料和结构来制作的电缆间的接头，其结构如图 3-23 所示。工厂接头一般用于连接铠装前的半成品电缆，或者当生产过程中出现故障，本应连续制造的电缆必须切除损坏电缆段，并通过工厂接头进行连接。工厂接头完成制作后，电缆连同工厂接头一起进行连续的铠装。工厂接头一般采用与电缆本体相同的材料和结构，尺寸比电缆本体略大，也具有柔性。工厂接头延伸范围为金属套焊接处加上两边电缆各 1m。工厂接头具有柔性，其机械性能与电气性能接近或等同于海底电缆本体原有的性能，外径与本体接近。在海底电缆成品上，工厂接头与海底电缆本体性能基本相同，无需在敷设过程中进行特殊考虑。

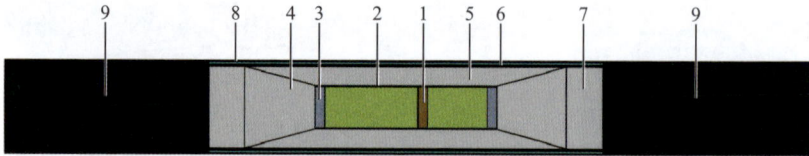

图 3-23　工厂接头结构

1—导体焊接段；2—导体屏蔽恢复层；3—导体屏蔽预留层；4—新旧绝缘界面；5—绝缘恢复层；
6—绝缘屏蔽恢复层；7—绝缘屏蔽预留层；8—铅套、护套恢复层；9—电缆本体

在结构尺寸方面，工厂接头的各部分结构尺寸与海底电缆本体接近。接头导体连接部分直径与海底电缆本体导体直径相同。恢复的导体屏蔽与本体海底电缆导体屏蔽光滑过渡。恢复的绝缘屏蔽表面要求光滑、平整，与绝缘层贴合紧密。铅套层外径不应超过海底电缆本体铅套外径的 1.1 倍。

在机械性能方面，工厂接头需要与海底电缆本体一样承受在生产、倒缆及施工敷设过程中的各种机械应力。对于导体截面积 800mm² 以上的海底电缆，其工厂接头导体连接抗拉强度应不小于 170MPa；对于导体截面积 800mm² 及以下的海底电缆，其工厂接头导体连接抗拉强度应不小于 180MPa。

在电气性能方面，工厂接头导体单位长度直流电阻应不超过海底电缆本体，导体屏蔽和绝缘屏蔽电阻也应与海底电缆本体相同。按导体屏蔽标称直径计算的标称电场强度和雷电冲击电场强度，与通过试验的海底电缆系统相应的计算电场强度相差不超过 10%。

（一）海底电缆工厂接头的设计

海底电缆工厂接头的设计应考虑以下三方面：

（1）导体连接方式的结构设计，保证导体具有良好的机械和导电性能。

（2）绝缘修复的结构设计，应防止场强过于集中，并保证绝缘内部电场强度不大于海底电缆本体绝缘内部电场强度。对场强分布要考虑接头薄弱点，如恢复绝缘与本体绝缘的界面，在薄弱点附近场强不能过高。

（3）应综合考虑制造可行性来确定各层结构尺寸，以满足后续制造工艺要求。

工厂接头技术具体体现在工厂接头应力锥与反应力锥的设计上，工厂接头绝缘界面结构如图 3-24 所示。当然，工厂接头的处理工艺也是设计中的关键

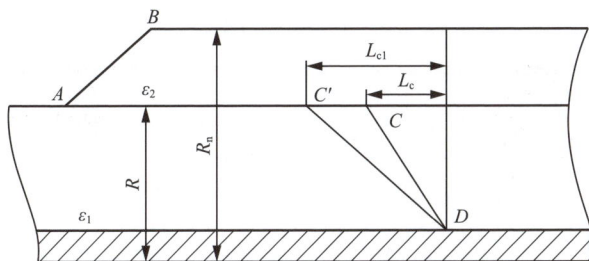

图 3-24　工厂接头绝缘界面结构示意图

L_c—理论新旧绝缘交界面长度；L_{c1}—直线化的交界面长度；R—海缆本体绝缘外半径；R_n—海缆恢复绝缘外半径；ε_1—海缆本体绝缘相对介电常数；ε_2—海缆恢复绝缘相对介电常数

考虑因素，因此引入了有限元分析手段，仿真模拟某工厂接头内部在各种条件下的电场分布情况，计算结果如图 3-25 所示。

（二）海底电缆工厂接头的制作

1.　工艺控制

工厂接头制作工艺直接决定了工厂接头质量，典型的工厂接头制作工艺流程如图 3-26 所示。表面处理的光洁度、环境温湿度、加工温度、保温时间、绝缘注塑压力等，都可能对工厂接头的性能造成决定性影响。因此，每次工厂接头试验，工程师都要把各项参数详细地记录下来，从而确定需要优化的参数。同时通过固定这些参数，保证每次工厂接头制作的质量。

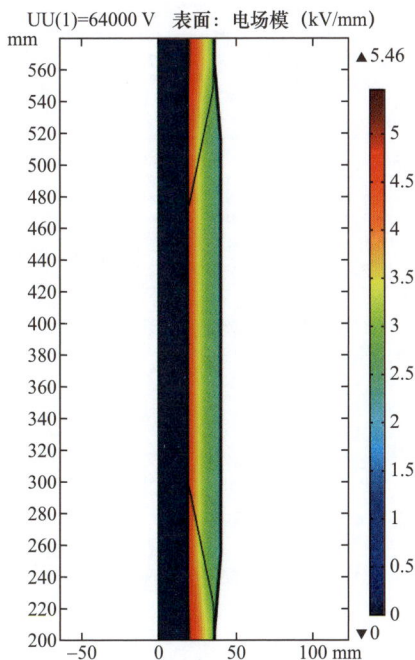

图 3-25　某工厂接头及海缆本体场强分布

2.　制作装备

工厂接头制作的装备主要有专用剥削工具、净化操作间、专用挤塑机、注塑模具等。为保证处理界面的光滑度，工厂接头的制作可采用进口的绝缘剥削工具。内外屏蔽、绝缘层的恢复必须在净化操作间进行，净化等级可达到千级。净化操作间内部设置内循环的空调系统，控制环境温湿度。专用挤塑机采用伺服电机，多段温度控制，并可精确控制熔体注入压力。配置净化加料系统，防止在加料过程中引入杂质。注塑模具采用模温控制系统，严格控制模具各区温度。同时加装压力传感器，监控模具熔体压力。

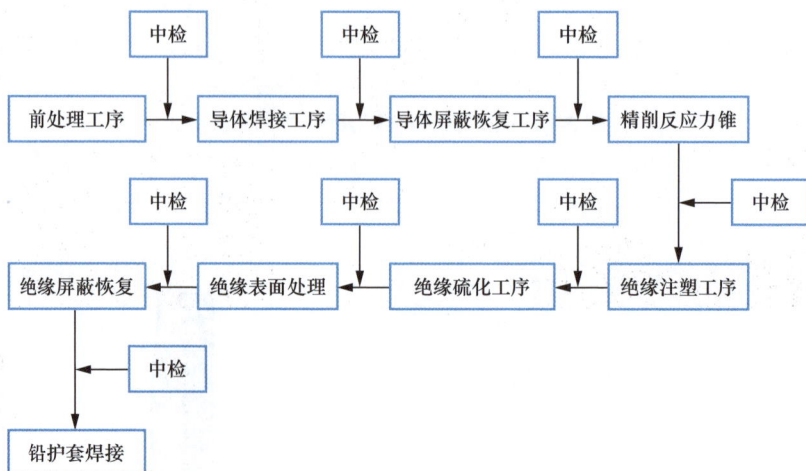

图 3-26 工厂接头制作工艺流程图

3. 制作步骤及质量保障

（1）前处理工序

1）按尺寸要求剥除各层，露出导体；

2）导体表面应光滑、圆整、无油污，无损伤绝缘的毛刺、锐边及凸起，导体端部应平整光滑；

3）导体屏蔽层与导体间、导体屏蔽层与绝缘层间应平滑过渡，表面无绝缘残留；

4）粗削后的绝缘层应圆整，表面清洁、无孔洞，不应有屏蔽层残留；

5）外屏与绝缘交界面需修平整，不得有突出或尖端。

（2）导体焊接工序

采用不同的导体焊接方式进行对比试验，放热焊与分层错位焊如图 3-27 所示。

放热焊焊接速度快，热量影响时间短；分层错位焊相对操作时间长，需要持续的冷却措施带走焊接产生的热量，但通过拉力试验结果分析，分层错位焊的样品抗拉强度显著高于放热焊样品。对于超高压海底电缆工厂接头，最重要的是导体强度，因此应选用分层错位焊接作为导体焊接方式。

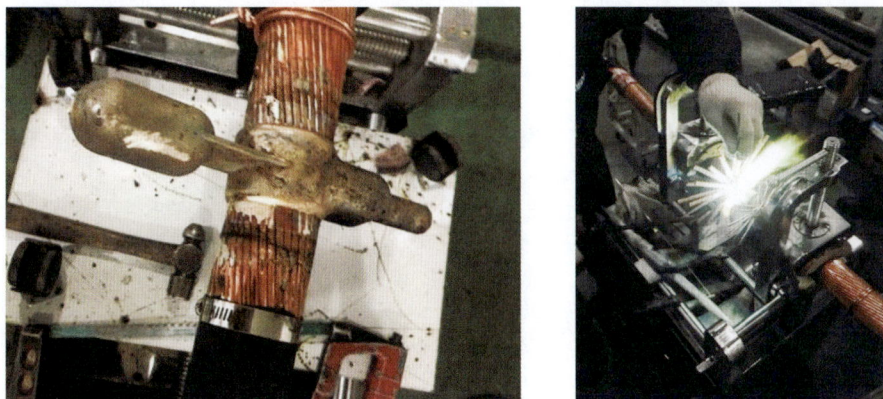

(a)　　　　　　　　　　　　　　(b)

图 3-27　放热焊与分层错位焊

（a）放热焊；（b）分层错位焊

导体焊接要求如下：

1）导体采用银钎焊，分层错位焊接，焊接点应打磨光滑，与本体外径误差不超过 0.2mm，如图 3-28 所示；

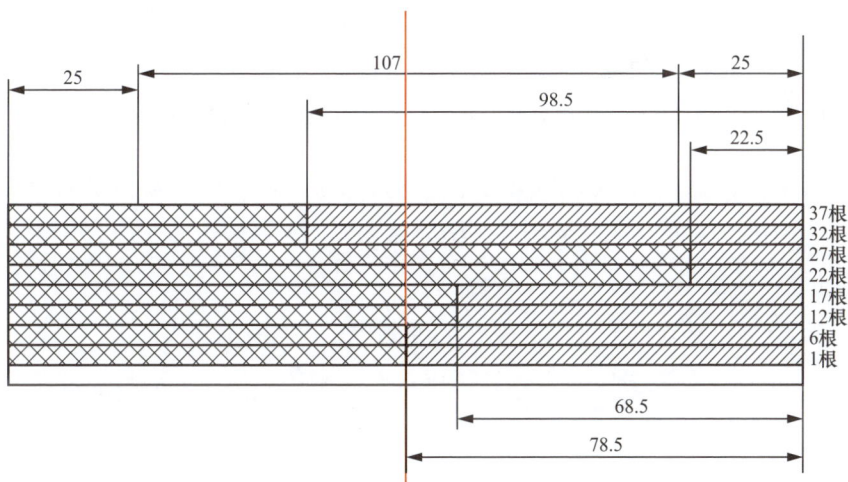

图 3-28　分层错位焊每层铜丝排布示意图

2）导体表面应光滑、圆整、无油污，无损伤绝缘的毛刺、锐边及凸起；

3）导体线束不松散，导体表面光滑，表面无金属碎屑；

4）导体焊接后接头直流电阻不大于本体导体直流电阻；

5）导体焊接后，拉伸强度应满足产品标准要求。

（3）反应力锥粗削

1）采用专用的海底电缆主绝缘层削尖器，设定好参数，通过旋转切削绝缘，刀头根据设置的角度不断提升高度，达到反应力锥的形状，高压海底电缆主绝缘层削尖器如图3-29所示；

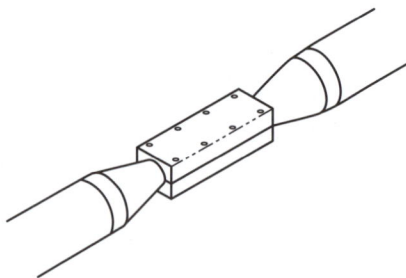

2）绝缘剥削时，预留一段本体内屏蔽层，用于恢复内屏蔽之间的过渡。

（4）导体屏蔽恢复工序

1）导体屏蔽恢复采用本体导体屏蔽料挤制的包带进行绕包，保证屏蔽层恢复的厚度均匀、偏心度小，再通过压模加温压制成型，如图3-30所示；

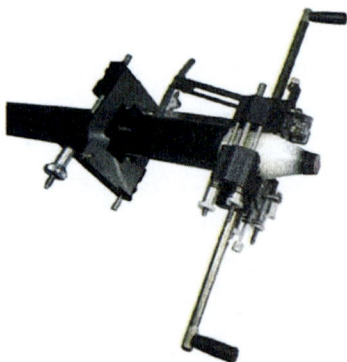

图3-29　高压海底电缆主绝缘层削尖器　　图3-30　导体屏蔽模压恢复

2）绕包时注意衔接好预留的本体内屏蔽接口，使用一定强度的均匀张力重叠绕包，绕包后包带应紧密包覆导体表面，无松散或翘起，包带重叠宽度应保持一致；

3）导体屏蔽表面应非常光滑，无可见凸起、气泡及杂质；

4）导体屏蔽表面应与本体导体屏蔽表面平齐，使恢复的导体屏蔽与本体的导体屏蔽在一条线上；

5）对压模两边挤出的多余导体屏蔽料应进行去除和切削，使屏蔽表面光滑。

（5）精削反应力锥

1）导体屏蔽恢复完成后，需对绝缘表面包括反应力锥进行打磨，如

图 3-31 所示；

2）先用粗砂纸打磨，直至绝缘表面留下的剥削刀印消失，绝缘表面平滑，然后再用细砂纸进行打磨；

3）打磨完成后使用无水酒精或专用的绝缘清洁纸擦拭绝缘及导体屏蔽表面，然后使用保鲜膜进行隔离，防止灰尘积聚。

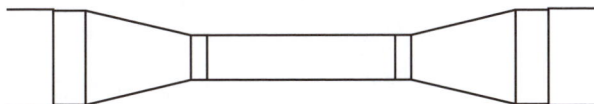

图 3-31　精削反应力锥示意图

（6）绝缘注塑工序

1）绝缘注塑采用专用的挤出机，将与本体相同的绝缘材料注入绝缘注塑模具，绝缘注塑模具如图 3-32 所示；

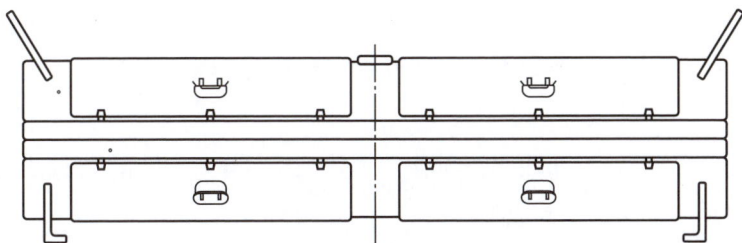

图 3-32　绝缘注塑模具示意图

2）开启挤塑机进行预热，预热完成后将螺杆中的洗机料排出；

3）连接模具与挤出机口，将绝缘材料以恒定的转速注入模具中；

4）待模腔内熔体压力达到规定压力时，停止绝缘材料注入，按规定时间进行保压；

5）模具缓慢降温，待模腔内温度达到规定温度时开启注塑模；

6）固化后的绝缘接头表面应无不均匀的收缩现象，颜色接近绝缘本色，不得有杂质或气泡出现；

7）注塑前保证接头表面清洁，选择合适的模具。

（7）绝缘硫化工序

1）硫化前先对组装后的硫化模具进行气密性检查，充入氮气，查看是否有漏气现象，典型的绝缘硫化模具如图 3-33 所示；

2）硫化过程中需对模腔内气压进行监控，不得出现漏气现象；

3）硫化后的绝缘应无气泡，绝缘颜色接近本体。

（8）绝缘表面处理

1）绝缘硫化完成后，使用专用的剥削刀，以本体海底电缆为基准，对多余的绝缘进行剥削，直至绝缘表面与本体绝缘平齐；

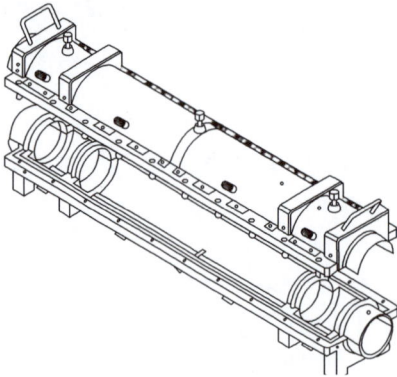

图 3-33　绝缘硫化模具示意图

2）先使用粗砂纸进行打磨，打磨时需保证绝缘同心度，然后使用细砂纸进行打磨，直至绝缘表面光滑、平整；

3）使用 X 射线对恢复后的绝缘进行检查，应无明显缺陷，同时检测绝缘偏心度；

4）使用无水酒精或专用的绝缘清洁纸擦拭绝缘表面。

（9）绝缘屏蔽恢复

1）绝缘屏蔽恢复采用事先制作的本体绝缘屏蔽料挤制的套筒进行包覆，再通过耐热包带加温压制成型；

2）绝缘屏蔽表面应非常光滑，无可见凸起、气泡及杂质；

3）绝缘屏蔽纵向及横向接缝处的突出部分应进行修整，使屏蔽表面光滑、圆整。

（10）铅护套恢复

1）铅护套的恢复采用事先制作的铅套筒进行包覆焊接；

2）铅护套焊接前，应在绝缘屏蔽外绕包半导电缓冲带进行保护；

3）焊接时，需控制焊接热量，防止绝缘烫伤；

4）铅套焊接后，应进行非金属护套的恢复，非金属护套的恢复与铅护套恢复相似，使用专用的熔接机将预制套筒与本体熔接。

（三）海底电缆工厂接头关键装备

1. 超高洁净厂房

工厂接头制作过程中，不能将外界的杂质引入到恢复的绝缘中，且外界的温度和湿度对绝缘恢复后的性能也有较大的影响。因此，工厂接头制作对施工环境的要求非常严格，特别是绝缘注塑及硫化工序，需将温度、湿度、空气洁净度都控制在一定范围内。因此绝缘注塑及硫化工序应在环境可控的洁净厂房中进行，根据多次工厂试验结果并参考海底电缆绝缘生产环境要求，其环境参数要求为：温度范围为 20 ～ 26℃；湿度不大于 70%；空气中直径不小于 0.5μm 的粒子数不超过 35200 个 /m³。

海底电缆工厂接头制作需要专用的超高洁净车间，如图 3-34 所示，可控制工厂接头制作时的环境温、湿度及空气洁净等级。净化房设计成可移动式，相对于固定式净化房，其优点在于可避免一些污染和高危工序的影响。一些处理工序，如剥削、打磨，会产生大量的废料和尘埃，这对后期的净化房内的环境清理造成很大负担。特别是一些金属和半导电材料的尘埃，如果积累在净化房中的缝隙或角落，在制作过程中又进入接头中，运行时就会引发放电而导致海底电缆接头击穿。同时海底电缆导体焊接时，会使用乙炔、氧气等易燃易爆气体，在有限空间中操作，不仅操作不便，危险性也大大增加，对人员安全保障压力很大。设计成移动式后，仅在需要净化环境的工序使用，在工序完成后撤出。

图 3-34 超高洁净厂房

剥削、打磨工序都在净化房外部进行，避免了对净化房内部的污染。导体焊接工序也在开阔的净化房外部进行，方便操作，避免了很多危险因素，对操作人员安全有保障。

通过可移动、可吊装的超高洁净厂房，原来只能在工厂内进行制作的工厂接头也可在海上进行。例如，粤电阳江青洲一、二海上风电项目的500kV海底电缆在海上使用工厂接头技术进行接续。

2. X射线无损检测系统

为实现工厂接头的无损检测要求，检测内部杂质、微孔、屏蔽突起的数量和大小，考察工厂接头的偏心和界面融合情况，需要使用X射线无损检测系统，如图3-35所示。该系统主要依靠X射线穿透物体并可储存影像的特性，进而对物体结构及内部器件进行无损评价，能有效地开展产品研究、失效分析质量评价、工艺改进等工作。

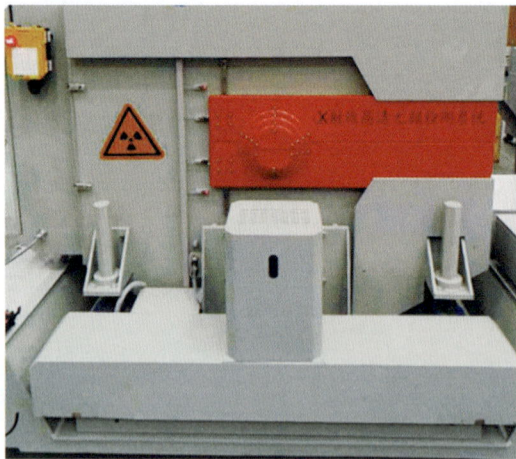

图3-35　X射线无损检测系统

X射线无损检测系统由X射线源系统、工业电视系统、图像采集及处理系统、电气控制系统、机械传动系统、射线防护系统及现场监控系统构成。X射线无损检测系统有以下特性：

（1）能够拍摄出工厂接头清晰的图像，清晰分辨出内屏、绝缘与外屏蔽层，且界面清晰；

（2）能够分辨出绝缘中不小于20μm的缺陷、杂质、击穿形成的通道，能够分辨出50μm屏蔽与绝缘之间的突起，能够分辨出绝缘内的分层现象；

（3）可实现360°全景无盲区测量，检测过程中无需移动海底电缆；

（4）检测样品直径范围为$\phi15 \sim \phi160$mm，单次检测范围大于0.8m；

（5）底部配置移动小车，可实现自主移动；

（6）操作系统实现智能化，被检测海底电缆安装完成后即进行全自动检测。

（四）海底电缆工厂接头试验验证

1. 接头导体拉力试验

GB/T 32346.3—2015《额定电压 220kV（U_m=252kV）交联聚乙烯绝缘大长度交流海底电缆及附件 第 3 部分：海底电缆附件》6.11 规定，对于导体截面积为 800mm² 及以下的导体，导体之间焊接的抗拉强度不应小于 180MPa；截面积 800mm² 以上导体之间焊接的抗拉强度应不小于 170MPa。具体试验方法为：截取焊接后的导体试样，长度不小于 500mm，焊接处应靠近试样的中间部位，两端头用低熔合金浇灌。将试件夹持在试验机的钳口内，夹紧后试件的位置应保证试件的纵轴与拉伸的中心线重合。启动拉力试验机时，加载应平稳、速度均匀、无冲击，当试件被拉伸断裂后，读数并记录最大负荷，试验结果抗拉强度按下式计算

$$\sigma = \frac{F}{S} \tag{3-1}$$

式中　σ——导体抗拉强度，N/mm²；

F——最大试验拉力，N；

S——试样的标称截面积，mm²。

2. 接头径向透水试验

工厂接头处需开展径向透水试验，以检验接头在最大水深时阻止径向透水的性能。海底电缆试样应尽量符合真实的安装状况，在试验前试样一般要经受张力试验或张力弯曲试验及热循环试验，以使试样受到适当的张力和径向膨胀。

具体试验方法为：

（1）从已经受机械试验的接头中取试样，采用电流加热，使导体温度达到 95 ~ 100℃。至少经受 10 次热循环，每次热循环包含 8h 加热和随后 16h 的冷却，在每次热循环结束前应至少保持导体温度 2h。

（2）在热循环过程中，对接头施加压力的部位进行水压试验。用封帽将接头试样的海底电缆两端密封，试样一端应置于专用压力容器内。试样浸入相当于 100m 水深的加压水中，持续 48h，试验时压力容器内水温为

5～35℃。到达试验时间后，将试样从水中取出，并解剖接头，目视检查接头内部情况。

试验后，工厂接头处应满足以下的检测要求：①阻水隔离结构应无水浸入迹象；②金属铅套无明显不规则凸起缺陷。

3. 接头导体焊接及绝缘无损检测

导体焊接的质量决定了导体强度、电阻等性能。因此在导体完成焊接后有必要进行无损检测，观察导体焊接是否存在虚焊、金属夹渣等缺陷。同时，工厂接头的绝缘和屏蔽层完成恢复后，也需要进行无损检测，需要检查恢复绝缘的厚度、偏心度等参数是否合格，界面是否熔合，内部有无气泡或杂质等。

常用的无损检测技术主要包括超声检测（UT）、射线检测（RT）、磁粉检测（MT）、渗透检测（PT）、涡流检测（ET）。其中，磁粉检测和涡流检测主要适用于金属材料的缺陷检测；渗透检测需要在被测对象表面涂覆染料；超声检测一般可检测物体内部缺陷情况，但输出显示一般为波形图像，不够直观；射线检测主要通过检测穿透性强的高能粒子射线的投射强度来实现内部结构检测，一般通过照片成像反映物体内部结构，其中易于穿透物质的有 X 射线、γ 射线、中子射线三种，实际工程应用最多的为 X 射线和 γ 射线。因此，针对海底电缆导体和绝缘检测，通常选用射线检测，易于直接观测。常用的检测设备为高分辨率 X 射线测试仪，检查接头处是否有偏心、杂质、气孔等缺陷，可以测量缺陷大小，检测结果如图3-36 所示。

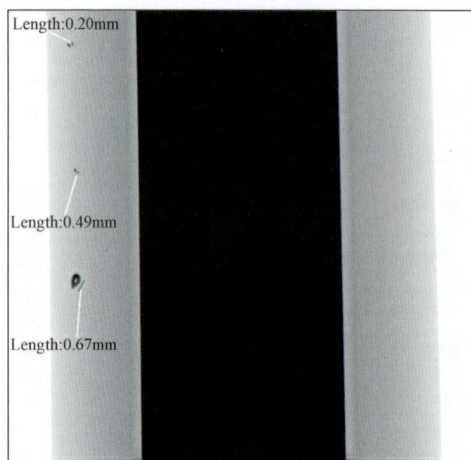

图 3-36　射线检测结果

第二节　动态海底电缆制造技术

一、工艺流程

动态海底电缆制造典型工艺流程如图 3-37 所示，相比静态海底海缆，动态海缆的生产工艺更为复杂，需要综合考虑电缆在动态环境下的各种性能要求，如抗疲劳性能、阻水性能、抗磨损性能等。其生产过程中需要采用更多的特殊材料和工艺技术，如抗水树交联聚乙烯的挤出、铠装层的扭绞设计、填充结构的设计等，以确保电缆能够在复杂的动态环境下长期稳定运行。例如，动态海底电缆阻水材料多采用阻水胶作为导体填充介质，三层共挤工序采用抗水树交联聚乙烯作为绝缘层，为提高电缆的耐疲劳性能和结构稳定性，金属屏蔽层采用铜丝缠绕或铜带绕包工艺，采用挤包聚乙烯材料作为内护套和外护套，铠装层采用偶数层钢丝正反向绞合，以满足海缆在动态环境下的扭矩平衡。

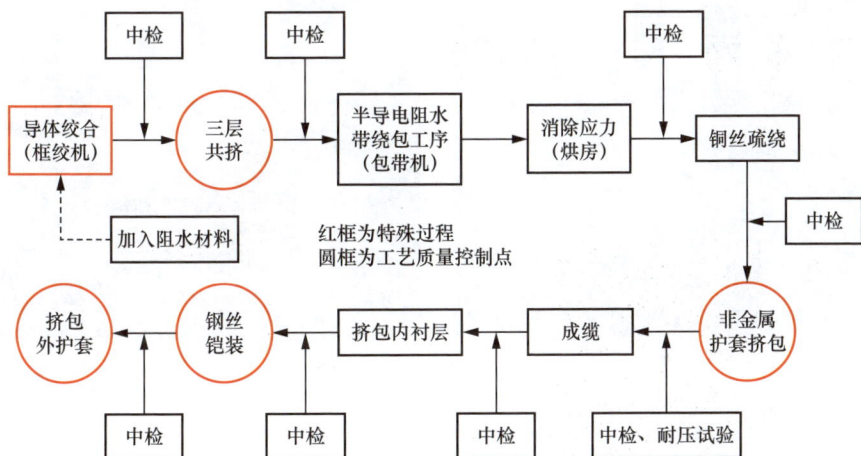

图 3-37　动态海底电缆典型工艺流程图

二、导体绞制

导体是海底电缆承载电力的主体，海底电缆工程敷设、运维难度及成本大。因此，海底电缆导体通常采用电阻率低、载流能力高、损耗小的铜材。其次，海底电缆在水深数十米及以上的环境中，持续受到海水高静水压的作用力。通常采用紧压圆形的导体结构实现导体结构稳定，内部填充阻水材料使具有纵向阻水能力。

1. 工艺控制

（1）导体应采用符合 GB/T 3956—2008《电缆的导体》中的第 2 类紧压

圆形导体。

（2）根据每层紧压系数的配比，精确计算分层紧压模具，模具采用纳米涂层金刚石材质，保证导体紧压不松散。

（3）放线张力自动调节，保证单线不被拉细。

（4）阻水材料采用纵包方式，充分填充导体间隙，确保无空缺。

（5）导体绞合单线节距严格按照工艺控制。

（6）导体表面应光洁、无油污，无损伤导体屏蔽及绝缘的毛刺、锐边及凸起，无断裂的单线，如图 3-38 所示。

（7）采用相邻层反向绞合，同时通过模具紧压来提高绞线的稳定性。

图 3-38　导体工艺控制

2. 质量保障

（1）选用优质的铜丝和阻水带或阻水胶材料，所用铜丝 20℃时的电阻率应满足 GB/T 3953—2009《电工圆铜线》要求，确保导体电阻达到标准要求。

（2）框绞机应配有自动断线检测功能，若有断丝，会自动报警并停机，保证导体完整不缺根，同时配备铜刷装置，可用于导体除尘。

（3）导体最外层使用酒精擦拭，防止导体表面产生油污、铜屑等不良现象。

（4）制造的海底电缆导体不应有整芯或整股焊接。导体中的单线允许焊接，但在同一层内相邻两个接头之间的距离应不小于 300mm。

（5）导体应采用阻水结构，对于浅水用动态电缆可采用阻水带作为阻水材料，深水项目则需要采用阻水胶。

（6）为防止三层共挤时内屏蔽料渗透进入空隙影响导体质量，对于 66kV

以上且截面积 630mm² 以上的海底电缆，导体生产完成后需绕包半导电绑扎带，单层搭盖率控制在（20±5）%。

（7）为了保护绑扎带不受外界划伤影响，外层还需双层绕包乙烯 - 醋酸乙烯酯共聚物（ethylene-vinyl acetate，EVA）或者无纺布（无纺布不可回收，EVA 可以回收），但此处 EVA 不属于电缆结构，在后续三层共挤工序中需要剥除此 EVA 护套。

（8）为了保证海底电缆导体的阻水带干燥不吸潮，导体生产完成后需要在干燥的烘房中干燥，温度设置为 45 ～ 55℃。当采用大长度收线盘具收线时，烘干时间不少于 3 天；对于采用地笼或地转盘收线的导体，笼内会在旋转收线的同时进行加热除潮。

三、绝缘

传统静态海底电缆一般采用铅护套、皱纹铜护套或皱纹铝护套来进行径向阻水，保持绝缘处于干燥环境以防止水树的引发，即干式绝缘结构，见图 3-39（a）。目前，湿式绝缘结构动态海底电缆大多采用抗水树交联聚乙烯作为绝缘层，其流变特性、耐焦烧性等加工性能良好，抗水树性能远胜过常规交联聚乙烯绝缘材料，如图 3-39（b）所示。

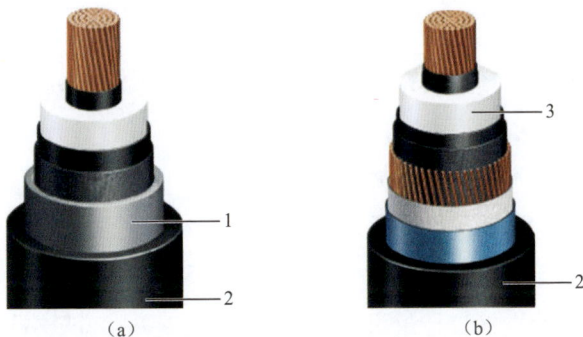

图 3-39　铅护套绝缘结构
（a）干式；（b）湿式
1—铅护套；2—聚乙烯护套；3—抗水树交联聚乙烯

动态海底电缆的失效风险主要是由力学载荷带来的，如图 3-40 所示。作用在动态海底电缆上的力学载荷受到平台的移动、水流、浮体的移动及海洋生物附着等因素的影响会出现较大变化，严重时可能引起动态海底电缆金属层损伤甚至开裂。除了力学载荷的影响，动态海底电缆绝缘材料的电气性能和高温性能参数也需要满足海底电缆安全运行要求。

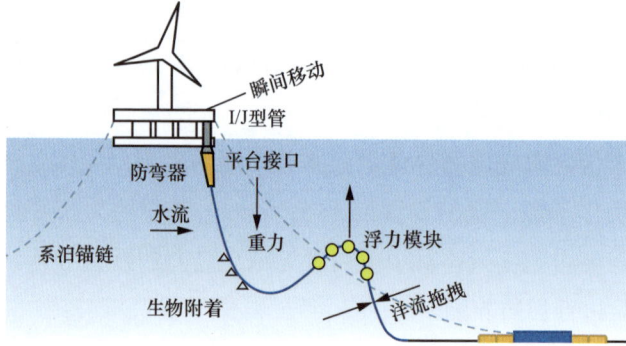

图 3-40　动态海底电缆在海水中受到的力学载荷

1. 工艺控制

屏蔽层和绝缘层的质量是影响动态海底电缆运行稳定性和寿命的关键性因素，因此在生产过程中须规避如下不良情况的发生：

（1）屏蔽层和绝缘层挤出工艺不良，有塑化不好的颗粒或混有烧焦粒子；

（2）屏蔽层存在向绝缘层方向的凸出，甚至导体屏蔽存在漏包、表面露铜等现象；

（3）屏蔽层和绝缘层粘合不好，产生分层和缝隙；

（4）绝缘屏蔽层厚度太薄，表面凹凸不平；

（5）绝缘厚度不足、偏心大、交联不充分等问题。

因此，针对上述情况推荐采用屏蔽层和绝缘层三层共挤悬链线式交联技术，配备导体前后置预热装置及在线测偏仪，机头具有连续长时间运行不产生老化、焦烧的特点（设计最大挤出时间为25天）。为严格控制绝缘中杂质含量，绝缘材料选用进口超净化电缆料，在超净加料环境内使用，使加料口净化等级达到千级，屏蔽料在进料前经过干燥系统（热风干燥设备）去潮，最大程度减少人为因素的影响。

厚度控制采用在线偏心及厚度测量仪，该设备可进行导体屏蔽、绝缘和绝缘屏蔽的分层测量，能清晰地测出各层的平均厚度和最薄点尺寸，并自动计算偏心度，实时检测屏蔽及绝缘质量，如图 3-41 所示。

除了绝缘厚度控制外，为保证三层共挤和交联硫化的正常进行，各设备和区域的温度也需要严格地控制。对于各部分温度的设定，主要通过生产线配套的软件进行。根据所需的交联程度，软件会计算出硫化管道的每一个区段温度、前后预热温度及导体的生产速度；而挤塑机的各区段温度和机头的温度是根据生产经验人为设定的，以下对挤出温度和交联温度控制进行详述。

图 3-41　厚度及偏心度控制

（1）挤出温度。挤出温度既要保证材料充分熔融、均化，并具有低的黏度和弹性行为，又不能出现先期交联，所以挤出温度不宜超过 125℃。对于挤塑机而言，温度随材料变化而有所不同。一般给定的温度值是厂商根据材料的熔点设定的，生产时参考此温度再根据排胶效果微调。CCV/VCV 挤塑机的末段一般加热到 110℃左右，机头设置的温度一般为 118 ～ 120℃。

（2）交联温度。提高反应温度可快速提高反应速度，所以在生产过程中为了提高生产速度，总是尽量提高交联温度，但也不是越高越好，应考虑聚乙烯在高温下的降解。而在惰性气体中，聚乙烯降解温度能达到 280℃左右，在交联管中充入氮气保护就是基于此原因。因此，交联温度应该设置在交联剂分解温度以上，低于聚乙烯分解温度。

硫化管道由很多段组成，且每段逐级降温。对于 35kV 电缆的 CCV 生产线，第一级管道温度通常都加热到 380℃；而对于 66kV 及以上电缆，由于考虑偏心度的影响，第一级管道温度会控制在 380℃以下。硫化的最后一级管道温度一般控制在 200℃左右；后续经过水冷和氮气保压，收线时缆芯温度差不多会降到 30 ～ 40℃。

采用 CCV 生产时，一般绝缘厚度较薄，绝缘线芯内外能较快达到均匀温度，生产速度较快，所以平均温度要高些，如前所述一般设置在 380℃，而 VCV 全线生产速度较慢，硫化管道最高温设置在 330℃左右，比 CCV 要低。

同时，采用 VCV 生产时，一般绝缘厚度较大，绝缘线芯进入加热管后表面温度应快速接近 280℃，使表层快速交联以降低聚乙烯熔体在重力作用下的流垂，避免竹节现象。所以 VCV 比 CCV 多一个后预热装置，用来对导体进一步加热，促进其与绝缘传热，使温度快速升高至交联温度。

VCV 和 CCV 交联生产线都在不断加长交联管的加热段和冷却段，若加热段长度超过 50m，交联过程就不需要设定过高的温度，同时延长冷却段长度达百米以上，并采用循环氮气干式冷却，使绝缘体温度递减形成降温梯度，绝缘体中分子间应力会明显减弱，再经过回热脱气过程，使绝缘体的热收缩有极大的改善。

2. 质量保障

（1）采用高洁净度的屏蔽料和抗水树绝缘材料，其中抗水树绝缘材料的介电强度应达到 20kV/mm。

（2）开机前充分检查模具、过滤板、过滤网、分流体、螺杆等，确保表面光亮、无损伤，无残留胶料。

（3）检查前后置预热器、加热系统、测偏仪工作状态，确保各系统正常工作。

（4）检查整个加料环节，保证清洁度达到要求。开机后用工艺转速排胶一定时间，确保流道清洁。

四、半导电阻水带绕包

交联聚乙烯海底电缆使用半导电阻水带作为绝缘和金属屏蔽层间的缓冲层，半导电阻水带层具有纵向阻水和防止金属套生产、运行时损伤绝缘线芯的功能。VCV 生产线生产的缆芯需同步绕包半导电阻水带，一般选择双层绕包，相邻螺旋绕包带的边与边有一部分相重叠的绕包方式称为正搭接式，这种绕包方式绕包层强度高、紧密性好，可防止污秽进入，可提高绝缘层耐电强度。

1. 工艺控制

（1）绝缘芯线上采用 1 层 0.5mm 厚的半导电阻水带重叠绕包。

（2）控制搭盖率为（20±5）%，满足纵向阻水要求。

（3）按照工艺控制绕包带的张力和绕包角度，确保绕包平整。

2. 质量保障

（1）绕包头采用分电机独立控制，绕包带张力均匀。

（2）两个绕包头切换工作，确保绕包不间断。

（3）接头采用专用半导电胶带粘接，保证电气性能一致。

五、绝缘除气

高压交联聚乙烯（XLPE）绝缘材料在绝缘层制备过程中不可避免产生大量的副产物残留在绝缘层中。在高温下，交联剂 DCP 分解并使 LDPE 交联生成 XLPE，DCP 分解产生的枯基醇和苯乙酮等交联副产物以杂质的形式存在于绝缘层内。这些杂质在较高电场下被分解，会加强局部电场强度，使绝缘材料内的电场发生畸变，从而降低绝缘的击穿场强。为了减少交联副产物所带来的影响，可以采用加热的方式对海底电缆绝缘三层共挤工艺完成后进行去气处理。

1. 工艺控制

（1）烘房内配备空气循环系统，使烘房内加热均匀，如图 3-42 所示。

图 3-42 绝缘除气

（2）合理排列绝缘线芯，让热空气更好地在间隙中穿过，提高除气速度和均匀性。

（3）多个测温点分布于烘房各处，采集数据交由 PLC 处理，自动控制加温系统工作，保持内部温度恒定。

2. 质量保障

为了保证海底电缆的去气效果，去气后取样进行 TGA 分析，确保去气完全。

六、铜丝屏蔽

铜丝屏蔽应由同心疏绕的软铜线组成。

1. 工艺控制

（1）金属材料应符合 GB/T 3953—2009《电工圆铜线》的规定。

（2）铜丝疏绕间隙应均匀，相邻两根铜丝间隙应不大于 4mm，铜丝根数符合工艺要求。

（3）疏绕铜丝张力应放小，避免张力过大损伤芯线外屏蔽。

（4）疏绕后铜丝直径不得小于铜丝标称直径的 95%。

（5）铜丝外采用铜带反向扎紧，间隙宽度应符合工艺要求。

2. 质量保障

（1）选用优质的铜丝和阻水带材料，所用铜丝 20℃时的电阻率为 0.017000（$\Omega \cdot mm^2$）/m 左右，远优于 GB/T 3953—2009《电工圆铜线》要求的 0.017241（$\Omega \cdot mm^2$）/m，确保满足短路电流要求。

（2）铜丝缠绕设备配有自动断线检测功能，若有断丝，会自动报警并停机，保证铜丝完整不缺根。同时配备铜刷装置，可用于导体除尘。

（3）在金属屏蔽外立即绕包一层半导电阻水带，在进一步保证阻水性能的同时，防止铜丝松散、错位。

（4）配有张力调节装置，放线张力自动调节，保证单线直径均匀，如图 3-43 所示。

七、电缆护套挤出

分相金属屏蔽外应挤包聚合物非金属护套作为防护层，如图 3-44 所示。非金属分相护套挤包宜采用以聚乙烯为基料的绝缘型护套料（ST_7 型）。若采用其他材料，需经供需双方协商。护套颜色一般为黑色。经供需双方协商，也可采用其他颜色。

图 3-43　铜丝疏绕屏蔽

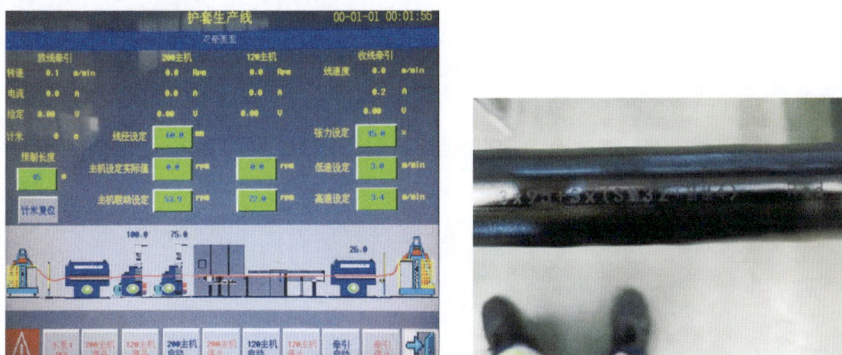

图 3-44　电缆护套挤出

1. 工艺控制

（1）控制挤塑机加料口温度维持在 130℃ 以下，确保材料不提前熔融。挤塑机的不同区间的温度从加料口到机头逐级升温，从 140℃ 依次过渡到 170℃。

（2）控制挤塑熔融段温度维持在 170℃ 以上，确保材料塑化良好。

（3）控制挤塑机前后牵引系数在 10 以上，使线芯通过模芯时不发生大幅抖动。

（4）控制挤塑机用模芯和模套的拉伸平衡比为 1.02 左右。

（5）通过机头调偏装置，调整挤出护套的偏心度，控制最薄点和最厚点厚度差绝对值在 0.6mm 以内。

2. 质量保障

（1）原材料使用前经过 45±5℃ 烘制，使用过程中开启加料斗的加热装置，确保原材料干燥，避免生产过程中出现气孔。

（2）挤塑机模具使用前经过充分检查和打磨抛光，确保表面光滑，不影响挤出质量。

（3）开机前彻底清理挤塑机机身、螺杆和机头，确保无老胶残留。

（4）开机前检查各加热瓦工作状态，确保运行正常，同时用开水校准热电偶，确保加温系统工作正常。

八、成缆

成缆时，线芯之间的间隙应使用非吸湿材料填充，成缆后应用合适的绕包带扎紧，电缆外形应保持圆整。

1. 工艺控制

（1）成缆时，线芯相序为逆时针黄、绿、红三种颜色，排列平整，不得有叠起、损伤等现象，如图3-45（a）所示。

（2）成缆时，边隙填充采用专用圆形PE填充条，其规格依照工艺规定。放置光缆时要小心操作，做填充条接头时应防止光缆受到损伤，要保证填充圆整。

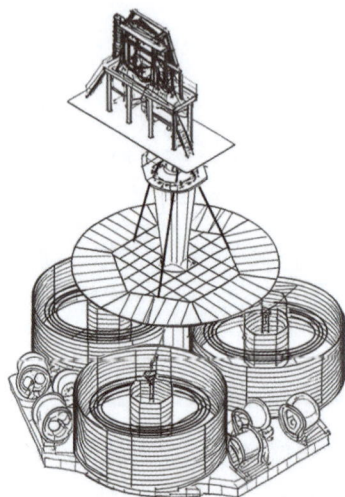

(a)   (b)

图3-45　盘缆

（a）三芯成缆；（b）绕包尼龙阻水布带

（3）成缆后，绕包两层尼龙阻水布带，绕包应平整、紧密，重叠宽度符合工艺要求，如图 3-45（b）所示。绕包尼龙阻水布带应无翘边等不良现象，接头处采用双面胶粘接。

（4）三芯电缆成缆后缆身外形圆整，不圆度不大于 8%。

（5）成缆后绕包一层 PP 绳起保护作用，挤护套之前应剥除。

2. 质量保障

（1）成缆过程使用光时域反射仪实时检测光纤通断和衰减，确保光纤复合的质量。

（2）控制盘绕和牵引设备速度同步，系统具备自动退扭功能，防止线缆扭结，防止发生弯曲和变形。

（3）线缆经退扭以后，经导轮进入盘具进行盘缆，线缆盘绕逐层进行，并选择合适的盘绕方向。成缆盘列整齐，防止线缆扭曲、变形。

九、挤包内衬层

成缆后应挤包聚合物非金属护套或绕包一层 PP 绳作为内衬层，非金属分相护套挤包宜采用以聚乙烯为基料的绝缘型护套料（ST_7 型）。若采用其他材料，需经供需双方协商。护套颜色一般为黑色，挤塑工艺以及质量控制参照本节第七条。

十、铠装

铠装材料采用镀锌钢丝或者其他经验证耐海水腐蚀的金属材料，也可采用其他非金属丝材料，或者采用混合铠装结构，铠装层数应为偶数，层与层之间逆向绞合以达到扭矩平衡的效果。铠装丝材料为圆形或扁形。若采用镀锌钢丝材料，镀锌钢丝应符合 GB/T 32795—2016《海底电缆铠装用镀锌或锌合金钢丝》的规定。在满足强度和使用要求的前提下，允许使用相同尺寸的非金属丝代替部分金属丝。

1. 工艺控制

（1）铠装金属丝根数和节距均应按照工艺要求严格执行，在并线前铠装金属丝需经过预扭器进行预扭，见图 3-46。

（2）铠装金属丝放线盘张力均匀。

（3）铠装金属丝的接续采用焊接机热焊或者氩弧焊方式，保证焊接质量。焊接点的前后需要涂覆防腐材料。

（4）同层金属丝的间隙一般可以通过调节金属丝的节距来实现，金属丝绞合节距应该为绞合前海底电缆直径的 9 ～ 12 倍；工艺要求金属丝的直径负偏差不大于金属丝直径的 5%；层与层之间以及最外层采用包带隔离防止摩擦；最外层绞向为左向。

图 3-46　钢丝铠装工序

2. 质量保障

（1）开机前通过拉力计校准铠装机张力监控传感器。

（2）铠装金属丝在分线板上分布应均匀。

（3）金属丝接头后用斜口钳、锉刀、细砂纸等工具将焊接处花边剪除、挫圆，修整完后应在铠装金属丝表面用笔型刷镀方式镀一层防腐漆，防腐漆材料主要成分为锌。

（4）并线模具的内孔大小和粗糙度应合适。

（5）整机主要部位均安装有在线监控，可全方位监测生产过程。

十一、外护套

铠装层外应挤包聚合物非金属护套作为防护层，非金属分相护套挤包宜采用以聚乙烯为基料的绝缘型护套料（ST_7 型）。若采用其他材料，需经供需双方协商。护套颜色一般为黄色，带一条黑色色条。经供需双方协商，也可采用其他颜色，挤塑工艺以及质量控制参照本节第七条。

第三节　脐带缆制造技术

一、脐带缆的结构形式

水下生产系统用于深水油气田的开发，是一种海洋石油、天然气资源开发的新技术，而脐带缆作为水下生产系统的重要设备，是一种复合海底电缆，由光缆、电缆、液压或化学药剂管组合而成。脐带缆具有耐腐蚀、抗干扰性好、外径小、水密性好、轻量化等优势，在海洋勘探、海上风电、海洋油气田开发等海洋工程领域应用较多。图 3-47 为典型脐带缆结构。

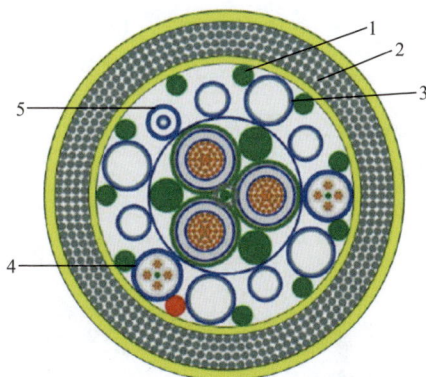

图 3-47　脐带缆的典型结构
1—填充；2—铠装层；3—流体通道管；
4—电单元；5—光单元

二、流体通道管

（一）热塑性软管

壳牌公司于 1961 年在墨西哥湾建造了第一个水下生产系统，这是脐带缆的首次应用。在 20 世纪 60 年代，脐带缆的技术发展尚不成熟，脐带缆系统的流体通道管还只是使用热塑软管，随着深水层对压溃等要求的提升，金属管脐带缆开始越来越广泛地使用，它克服了热塑软管在深水层的不足。

（二）金属脐带缆

目前，适合作为海底脐带缆金属管单元材料的不锈钢主要有 316L、904L 奥氏体不锈钢、SAF2205 等双相不锈钢及超级双相不锈钢等。

钢管单元的作用是为水流体和化学注入流体（防腐剂、水合物抑制剂、甲醇等）提供通道，同时也用于排泄井口产出的液体。面对深水海水侵蚀、低温和外压的挑战，金属钢管由于其优良的抗压溃能力、抗海水侵蚀能力、优良的高低温力学性能、易加工性和易连接性，成为中等或更深的海水中应用的脐带缆管单元材料的理想选择。在进行脐带缆内部钢管构件材料的设计时，应充分考虑到力学强度、海水腐蚀、焊接操作与价格等因素的影响。

三、定制化

需要注意的是，应与客户沟通协商，根据不同的应用场景和要求进行脐带缆定制化。定制化脐带缆可以根据需要选择不同的导体材料、绝缘材料、屏蔽材料和护套材料，以确保脐带缆具有良好的导电性能、耐高温、耐腐蚀、耐磨损和耐环境影响的特性。此外，定制化脐带缆还可以根据具体的应用场景和要求进行尺寸和结构设计，以确保脐带缆能够在特定的环境条件下稳定可靠地工作。

第四节 海底电缆检测技术

海底电缆质量检测主要分为原材料检验、半成品试验、成品试验及敷设安装检测。

一、原材料检验

原材料检验是确保海底电缆质量和性能的重要环节，对原材料进行全面、准确的检验，确保生产所使用的原材料质量可靠，从而保证海底电缆的整体质量和性能。

（一）电工用铜线坯

电工用铜线坯作为导体及线材的原材料，试验项目可参照 GB/T 3952—2016《电工用铜线坯》和 GB/T 3953—2024《电工圆铜线》，以及电缆制造商与原材料供应商的技术协议。

对于每批铜线坯，一般进行化学成分、尺寸偏差、力学性能、扭转性能、电性能和表面质量的检验；当用户要求并在合同中注明时，可进行铜粉量、退火性能及氢脆的检验。

（二）导体半导电阻水带

导体半导体阻水带用于导体及外表面阻水，试验项目依据电缆制造商与原材料供应商的技术协议。一般对批次材料进行外观检查、宽度/厚度测量、单重测量、膨胀速率/膨胀高度测试、断裂强度和纵向断裂伸长率测试、表面电阻试验、体积电阻率试验、长期耐温/瞬时耐温测试和含水率测试。

导体半导体阻水带入厂时需进行外观检查，检查基料分布是否均匀，表面有无皱纹、分层、折痕和破损，幅边有无裂口，卷绕是否紧密。在正常生产过程中，检查有无分层脱粉现象。

（三）导体半导电屏蔽包带

导体半导电屏蔽包带在中高压电力电缆中起到均匀电场、减少局部放电、防止电晕放电和提供机械保护的作用，试验项目依据电缆制造商与原材料供应商的技术协议。

一般对批次材料进行外观检查、宽度／厚度测量、单重测量、拉断力、断裂伸长率测试、热老化和热收缩率、表面电阻试验、体积电阻率、耐电压和耐化学腐蚀性试验测试。

（四）半导电屏蔽料

半导电屏蔽料包括导体屏蔽料和绝缘屏蔽料，试验可参照 JB/T 10738—2007《额定电压 35kV 及以下挤包绝缘电缆用半导电屏蔽料》。该标准规定了交联型、热塑型聚烯烃类半导电屏蔽料的技术要求和试验方法。

对半导电屏蔽料进行外观目视检查，半导电屏蔽料应呈黑色颗粒状，色泽和质地均匀，颗粒间不应有明显粉末状物质。半导电屏蔽料的机械物理性能包括密度、拉伸强度、断裂伸长率、空气热老化试验、冲击脆化温度、热延伸、热变形、剥离强度等。工艺性能包括挤出温度范围、流变特性、交联工艺等。

（五）绝缘料（XLPE、聚丙烯）

绝缘料试验可参照 JB/T 10437—2024《电线电缆用可交联聚乙烯绝缘料》和 T/CEEIA 514—2021《66kV ～ 220kV 交流电力电缆用可交联聚乙烯绝缘料和半导电屏蔽料 第 1 部分：66kV ～ 220kV 交流电力电缆用可交联聚乙烯绝缘料》。试验项目依据电缆制造商与原材料供应商的技术协议。

对绝缘料进行外观目视检查，绝缘料呈颗粒状，色泽和颗粒大小均匀，颗粒间不应有明显粉末状物质。绝缘料的机械物理性能包括拉伸强度、断裂伸长率、冲击脆化温度、空气热老化试验、热延伸、凝胶含量。绝缘料的电气性能主要有介质损耗因数、相对介电常数、体积电阻率、介电强度。工艺性能包括挤出温度范围、流变特性、交联工艺、基料熔体流动速率（过氧化物交联聚乙烯料）等；需对绝缘料的杂质含量进行测评。

（六）半导电缓冲阻水带

半导电缓冲阻水带试验可参照 T/CEEIA 610—2022《额定电压 110kV 及以上电力电缆缓冲层用半导电包带》和 JB/T 10259—2014《电缆和光缆用阻水带》。试验项目依据电缆制造商与原材料供应商的技术协议。

对半导电缓冲阻水带进行外观目视检查，目测应纤维分布均匀、表面平整、无皱纹、无折痕和磨损、辐边无裂口、不分层、无粉状材料脱落，成盘后卷绕紧密、盘面光滑。需测试半导电缓冲阻水带的厚度及单重。

半导电缓冲阻水带的机械物理性能包括断裂强度和纵向断裂伸长率、膨胀速率及膨胀高度、瞬间稳定性及长期稳定性、含水率、pH 值、热老化。电气性能包括表面电阻、体积电阻率。

（七）合金铅

合金铅作为铅套材料，可参见 JB/T 5268.2—2011《电缆金属套 第 2 部分：铅套》相关规定。试验项目依据电缆制造商与原材料供应商的技术协议。

对合金铅进行外观目视检查，铅锭表面不得有熔渣、粒状氧化物、夹杂物及外来污染，铅锭不得有冷隔，不得有大于 10mm 的飞边毛刺。

（八）沥青

沥青作为海底电缆用料，可参见相关规定。试验项目依据电缆制造商与原材料供应商的技术协议。

海底电缆用沥青的机械物理性能主要包括软化点、针入度、闪点、垂度、冷弯、黏附率与热稳定性。工艺性能包括热滴流、冻裂点、剥离力等。

（九）护套料

护套料包括聚乙烯为基料的半导电护套料和绝缘型护套料。试验项目依据电缆制造商与原材料供应商的技术协议。

护套料的具体类型分为 GH、MH、Z-PE、半导电 PE。护套料的物理机械性能包括密度、拉伸强度 / 断裂伸长率、炭黑含量、热老化、体积电阻率等，相关测试方法可参考 GB/T 2951《电缆和光缆绝缘和护套材料通用试验方法》系列标准、GB/T 3048—2007《电线电缆电性能试验方法》系列标准。电气性能包括体积电阻率、介电强度、介电常数、介质损耗角正切等。

（十）聚丙烯 PP 绳

聚丙烯 PP 绳用于海底电缆外被层，相关试验项目及要求可依据电缆制造商与原材料供应商的技术协议。

对聚丙烯 PP 绳进行外观目视检查，应干燥、无污染、无杂质、轻拉成网、网格应均匀。PP 绳成卷，卷内不允许有断头，允许有接头，且每卷接头数不超过 3 个，接头直径应保持原成型尺寸。

聚丙烯 PP 绳的结构和机械性能包括直径、单重、拉断力、热老化、热收缩、相容性等。

（十一）光纤单元

光纤单元包括多模光纤和单模光纤。单模光纤参见 GB/T 9771—2020《通信用单模光纤》系列标准的规定；多模光纤参见 GB/T 12357《通信用多模光纤》系列标准的规定。

松套管用不锈钢带材可参见 GB/T 3280—2015《不锈钢冷轧钢板和钢带》的规定。填充化合物可参见 YD/T 839《通信电缆光缆用填充和涂覆复合物》系列标准的规定。加强件可参见 GB/T 24202—2021《光缆增强用碳素钢丝》的规定。外护层可参见 GB/T 15065—2009《电线电缆用黑色聚乙烯塑料》的规定。相关试验项目及要求可依据电缆制造商与原材料供应商的技术协议。光纤应满足光纤余长、衰减、水密性的要求。

（十二）铠装丝 / 铜丝

镀锌钢丝、铜丝用于海底电缆铠装层。镀锌钢丝（圆钢丝、扁钢丝）可参照 GB/T 3082—2020《铠装电缆用热镀锌及锌铝合金镀层低碳钢丝》的规定。铜丝（圆铜丝、扁铜丝）可参照 GB/T 3953—2024《电工圆铜线》的规定，或电缆制造商与原材料供应商的技术协议。

对铠装圆铜丝进行外观目视检查（表面质量试验），铜丝表面要求光滑、圆整、无油污，不得有三角、毛刺、裂纹、机械擦伤等。铠装圆铜丝的结构和机械性能包括尺寸、抗拉强度等。电气性能包括体积电阻率。

（十三）填充材料

在多芯电缆中，缆芯之间的空隙会导致电缆截面不规则，使用填充条可以有效填充这些空隙，使电缆截面保持圆形。常规电缆用填充条包括扇形和圆形，填充条的主要检测项目如下：

（1）尺寸检测：检查填充条的尺寸是否符合设计要求。

（2）材质分析：检测填充条的材料成分是否符合标准。

（3）机械性能：包括拉伸强度、抗压强度、柔韧性等。

（4）阻水性能（适用于动态或防水电缆）：检测吸水率和阻水效果。

（5）耐环境性能：包括耐高温、耐低温、耐化学腐蚀等。

二、半成品试验

半成品的试验是一个确保海底电缆生产过程中质量稳定的重要环节，半成品试验主要包括电气试验及中间检测试验。

（一）半成品电气性能试验

1. 电压试验

对于制造长度电缆，通常在金属套和护层工序之后按相应产品标准进行例行试验中的电压试验，不应发生绝缘击穿。若制造长度太长，无法采用工频电压试验时，可采用频率不低于 10Hz 的交流电压进行试验。

2. 局部放电试验

按 GB/T 3048.12—2007《电线电缆电性能试验方法　第 12 部分：局部放电试验》的规定进行局部放电试验。若制造长度较短，局部放电测试灵敏度满足要求时，可在每根制造长度电缆上进行。若制造长度很长，局部放电测试灵敏度满足要求时，从挤出电缆的首端和末端取试样进行。

（二）工厂接头电气试验

1. 局部放电试验

宜对每个工厂接头进行局部放电试验，在包覆半导电屏蔽后即进行，局部放电一般不超过 10pC。由于实际原因不能进行局部放电试验时，可采用其他方法（如超声波测量、甚高频测量、质量管理程序等）。

2. 电压试验

宜在接头制作完成后即进行电压试验，试验条件与制造长度电缆相同；接头不应发生击穿。

（三）生产过程的中间检测试验

1. 导体层

对电缆抽样，适用时，导体单线根数检验及要求应符合 GB/T 3956—2008《电缆的导体》的规定。对导体电阻进行测量，根据 GB/T 3956—2008

校正到温度为 20℃时 1km 的数值。

2. 绝缘层

对电缆交联绝缘抽样，测试绝缘的最小厚度和偏心度。对于交联绝缘，进行热延伸试验（负荷下最大伸长率和冷却后最大永久伸长率）。按 GB/T 2951.11—2008《电缆和光缆绝缘和护套材料通用试验方法　第 11 部分：通用试验方法 厚度和外形尺寸测量 机械性能试验》测量绝缘线芯直径。作为连续监测手段，采用 X 光测偏仪对挤出生产过程中绝缘的偏心度和最小厚度进行在线连续测量。

3. 金属套层

对电缆抽样，进行金属套电阻测量，校正到温度为 20℃时 1km 的数值。对金属套进行厚度测量。采用超声波方式进行在线缺陷探测。

4. 护套层

对电缆抽样，测试护套的最小厚度和平均厚度。

5. 铠装层

对电缆抽样，测量铠装金属丝直径。

6. 电容测量试验

使用电容表测量电缆导体和金属套间的电容。

7. 光纤单元试验

适用时，在成缆前后测试光纤的导通和衰减特性，应符合相应技术规范要求。

（四）工厂接头中间检测试验

宜对每个工厂接头的导体焊接进行 X 射线检验。宜使用 X 射线检验工厂接头恢复绝缘，确认界面质量和可能存在的气泡、金属杂质等情况。

三、成品海底电缆试验

（一）静态海底电缆检测项目

静态海底电缆试验按照产品标准一般分为例行试验、抽样试验、型式试验及预鉴定试验（含预鉴定扩展试验）。根据海底电缆的电压等级、交直流属性有不同的试验参考标准，具体分类如表 3-6 所示。

表 3-6　　　　　　　　　静态海底电缆试验参考标准

序号	海底电缆类型	电压等级（kV）	试验参考标准
1	交流海底电缆	8.7/15	JB/T 11167.1—2011
2		26/35	JB/T 11167.1—2011 CIGRE TB 490：2012
3		38/66	TICW 10—2019 CIGRE TB 490：2012
4		64/110	JB/T 11167.1—2011 CIGRE TB 490：2012
5		127/220	GB/T 32346.1—2015 CIGRE TB 490：2012
6		190/330	TICW 23—2022 CIGRE TB 490：2012
7		290/500	GB/T 41629.1—2022 CIGRE TB 490：2012
8	直流海底电缆	±160 ～ ±500	GB/T 31489.1—2020 CIGRE TB 496

（二）动态海底电缆检测项目

因为海洋环境对海底电缆的要求非常严苛，而不同的海底电缆设计和材料会对海洋环境的适应性、耐久性和性能有不同的要求，因此动态海底电缆的定制化试验可以确保海底电缆在特定的海洋环境中能够稳定可靠地工作。动态海底电缆除了需要进行常规的例行试验、抽样试验、型式试验外，还应根据用户需求或特殊的运行场合进行一些特殊试验项目，见表 3-7。

表 3-7　　　　　　　动态海底电缆型式试验及特殊性能试验

序号	试验项目	试验方法及依据
1	机械型式试验	
1.1	张力弯曲试验	IEC 63026—2019 中 12.4.2
1.2	扭矩平衡和轴向抗拉刚度试验	用户需求时进行
1.3	弯曲刚度试验	用户需求时进行
1.4	紧握 / 挤压试验	用户需求时进行
1.5	冲击试验	用户需求时进行
1.6	耐静水压试验	用户需求时进行
1.7	内外摩擦系数评估试验	用户需求时进行
1.8	疲劳试验方法	用户需求时进行
1.9	堆叠试验	用户需求时进行

序号	试验项目	试验方法及依据
1.10	侧压力试验	用户需求时进行
1.11	牵引网套拉伸试验	用户需求时进行
1.12	拉伸特性试验	用户需求时进行
1.13	无张力弯曲试验	用户需求时进行
1.14	压力试验	用户需求时进行
2	纵向、径向透水试验	IEC 63026—2019 中 12.6
3	电气型式试验	
3.1	环境温度下局部放电试验	GB/T 3048.12—2007
3.2	$\tan\delta$ 测量	GB/T 3048.11—2007
3.3	热循环电压试验	GB/T 3048.8—2007
3.4	随后的局部放电试验	GB/T 3048.12—2007
3.5	雷电冲击电压试验及随后的工频电压试验	GB/T 3048.8—2007、GB/T 3048.13—2007
3.6	4h 电压试验	JB/T 11167.1—2011 中 8.9.2.5
3.7	目测检验电缆和附件	目测检验
3.8	半导电屏蔽电阻率测量	GB/T 32346.1—2015 中附录 A
4	电缆组件和成品电缆段的非电气型式试验	
4.1	电缆结构检验	GB/T 2951.11—2008
4.2	老化前后绝缘机械性能试验	GB/T 2951.11—2008 GB/T 2951.12—2008
4.3	老化前后 ST_7 护套机械性能试验	GB/T 2951.11、12—2008
4.4	成品电缆段相容性老化试验	GB/T 2951.12—2008
4.5	ST_7 分相护套和外护套高温压力试验	GB/T 2951.31—2008
4.6	XLPE 绝缘热延伸试验	GB/T 2951.21—2008
4.7	XLPE 绝缘热收缩试验	GB/T 2951.13—2008
4.8	ST_7 分相护套和外护套收缩试验	GB/T 2951.13—2008

（三）光纤单元试验项目

光纤复合动态海底电缆还应对光纤单元进行试验，其试验项目见表 3-8。

表 3-8 光纤单元试验项目

序号	试验项目	试验方法及依据
1	光纤衰减常数测量	GB/T 15972.40—2008
2	光纤色谱识别	GB/T 15972.40—2008
3	光纤色散测量	GB/T 15972.42—2008
4	光纤单元水密试验	GB/T 18480—2001

四、敷设安装后试验及预防性试验

海底电缆产品敷设安装后试验，目的是检查敷设和安装对产品是否有损伤，以确定电缆系统的完整性。电缆正常运行后，要求定期进行预防性试验，目的是事先发现电缆系统运行过程中可能发生的损坏，以便及时修理或更换，以免发生意外停电事故或更大故障。

五、海底电缆的交接试验

海底电缆的交接试验主要包括耐压试验和光纤衰减试验两种。根据工程和现场的实际情况，可开展时域反射法测试等特殊试验。

（一）耐压试验

海底电缆敷设完成后，进行耐压试验是确保其安全、可靠运行的重要步骤。耐压试验主要包括直流耐压试验和交流耐压试验，但考虑到海底电缆的特殊运行环境和重要性，通常会采用更为严格和全面的测试方法。在实际操作中，应根据海底电缆的实际情况选择合适的试验方法，并严格按照试验规程进行操作。

（二）光纤衰减试验

光纤衰减试验旨在测量光纤在传输过程中光功率的减少量（即衰减特性）。光纤衰减是由于光信号在光纤中传输时，受到光纤材料吸收、散射及光纤结构不完善等因素的影响，导致光功率逐渐降低的现象。试验通过测量光纤两端的光功率差异，计算得到光纤的衰减量。这是评估光纤传输质量、确定光纤系统性能参数及进行故障排查的重要依据。光纤衰减试验可采用多种方法进行，其中常用的包括截断法、后向散射法（OTDR 法）等。

（三）时域或频域反射法试验

海底电缆作为连接海上风电以及为岛屿供电的重要传输手段，其对于电力传输稳定性的作用不言而喻。但由于电缆本身处于水下难以观测，因此通常情况下一旦敷设安装后就更加难以对电缆绝缘状态进行感知与预警。此时可采用时域或频域反射法测试作为相对快速便捷的检测手段对海底电缆的初始绝缘状态进行评估，提前评估海底电缆及其接头可能存在的绝缘缺陷故障。

六、试验设备

（一）直流耐压试验设备

随着柔性直流输电技术发展，交联聚乙烯绝缘高压直流海底电缆应用日益增多，直流耐压试验是检验直流电缆绝缘性能的重要试验，能够检验电缆的耐压强度，它对发现绝缘介质中的气泡、机械损伤等局部缺陷比较有利，因为在直流电压下，绝缘介质中的电位将按电阻分布。当介质有缺陷时，电压主要由与缺陷部分串联的未损坏介质的电阻承受，较有利于发现介质缺陷，电缆绝缘在直流电压下的击穿强度约为交流电压下的 2 倍，所以可以施加更高的直流电压对绝缘介质进行耐压强度的考核。很多情况下，用绝缘电阻表检测电缆绝缘时良好，而在直流耐压试验中发生绝缘击穿，可见直流耐压是检测高压电缆绝缘缺陷的有效手段。直流耐压试验所用的设备是直流高压发生器。

高电压等级长电缆的直流耐压试验装置便携性较好，针对舟山 200kV 海底电缆工程定制的试验设备参数见表 3-9，可以满足不短于 100km 的 200kV 直流电缆试验要求。

表 3-9　　　　　　　　　直流耐压试验设备技术参数表

项目		单位	参数
系统整体	额定电压	kV	320
	输出电压波动	—	≤ 3%
	额定电流	mA	20
	极性	—	±
保护电阻	额定电阻	MΩ	1
放电电阻	数量	个	4
	额定值	MΩ	20、20、40、80

对于大长度电缆耐压试验，需考虑大电容带来的充电电流和短路放电问题，因此在选择设备参数时应选用合适的额定电流，一般采用分级放电的方式逐步消耗耐压试验后电缆中储存的电荷。

（二）交流耐压试验设备

电缆串联谐振试验装置是用于电力电缆进行交流耐压的专用试验设备。在电力预防性试验项目中，通过施加交流电压检验电力电缆的绝缘性能，电缆串联谐振试验装置通过电抗器与电缆绝缘串联谐振的方式实现在较小电源容量的情况下满足电缆试验电压的要求，原理如图 3-48 所示。

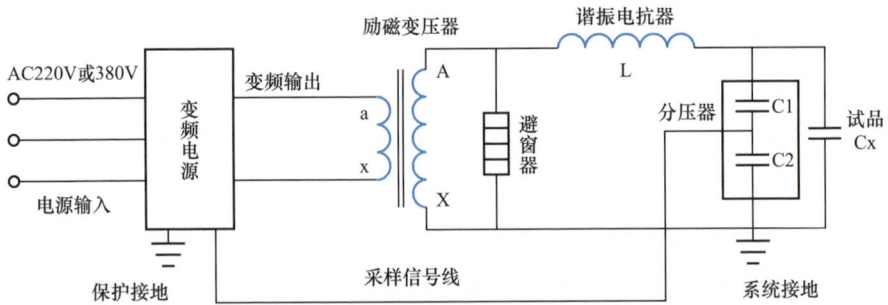

图 3-48　交流耐压试验原理图

高电压等级长电缆的交流耐压试验装置在国内外都比较罕见，针对舟山 500kV 海底电缆工程定制的试验设备参数见表 3-10，可以满足电容量不大于 4uF 的 500kV 电压等级电缆和电容量不大于 16uF 的 220kV 电压等级电缆的试验要求，同时该系统还具备一定的扩展能力。

表 3-10　　　　　　　　　　交流耐压试验设备技术参数

项目		单位	参数
系统整体	额定电压	kV	640
	频率范围	Hz	20 ～ 300
	局部放电量	pC	5
	品质因数		≥ 120
	输出波形		正弦波
	输出电压波动		≤ 3%
	电压指示误差		≤ 1%
	测量精度	kV	0.1
系统整体	波形畸变率		≤ 1%
	噪声	dB	≤ 80
电抗器	额定电压	kV	320
	额定电流	A	80
	电感量	H	26±3
	频率范围	Hz	20 ～ 300
	局部放电量	pC	≤ 10
	品质因数		≥ 120
变频电源	数量	套	1
	额定容量	kW	2250
	分辨率	Hz	0.01

续表

项目		单位	参数
分压器	额定电压	kV	640（两节串联）
	电容量	nF	5
谐振电容	额定电压	kV	640（两节串联）
	电容量	nF	5
高压滤波器	隔离阻抗	kV	640
		A	≥80
		台	4
励磁变	数量	套	1
	额定容量	kW	2000
	额定输出电压　抽头1	kV	对应320kV
	额定输出电压　抽头2	kV	对应640kV
工作电源	电压	V	与变频电源匹配
	频率	Hz	50±1

（三）振荡波试验设备

电缆耐压试验的常规方法是对电缆施加工频或直流高压，在缺陷处绝缘进行击穿。利用这种测试方法能够发现电缆中最严重的缺陷问题，但是，并不是所有的缺陷都可以通过此方法辨别，即使修理后依然可能因其他严重缺陷导致故障出现，这种试验方法是一种破坏性的试验。无论采用交流还是直流耐压，都会对电缆产生不同程度的损伤，导致一些小缺陷问题的出现，超低频（0.1Hz）试验需花费很长时间，而且对电缆绝缘损伤比较严重，还可能会造成电缆中出现新问题。运用振荡波局部放电测试方法，可以一次性发现整条电缆的缺陷或电缆中不同类型的缺陷、不同位置的局部性绝缘缺陷，还可以针对电缆中的缺陷及时进行检修。因此使用振荡波测试可以发现潜在缺陷，而且这种试验方法对电缆本身不具有破坏性，为电缆的安全和稳定运行提供了保障，是国内电缆试验的主要研究方向和新的发展趋势。

直流电源首先在被测电缆端加压，一直到试验设定值，此过程是测试电缆完成充电的过程，然后闭合 IGBT 高压开关，设备内置的电感就会和电缆等效的电容发生谐振，形成阻尼振荡回路，在测试电力电缆上产生阻尼振荡电压。振荡波测试原理及波形图如图 3-49 和图 3-50 所示。由图 3-49 可知，阻容并联分压器的高压臂和低压臂的时间常数相等，因此分压不会随频率发生改变。

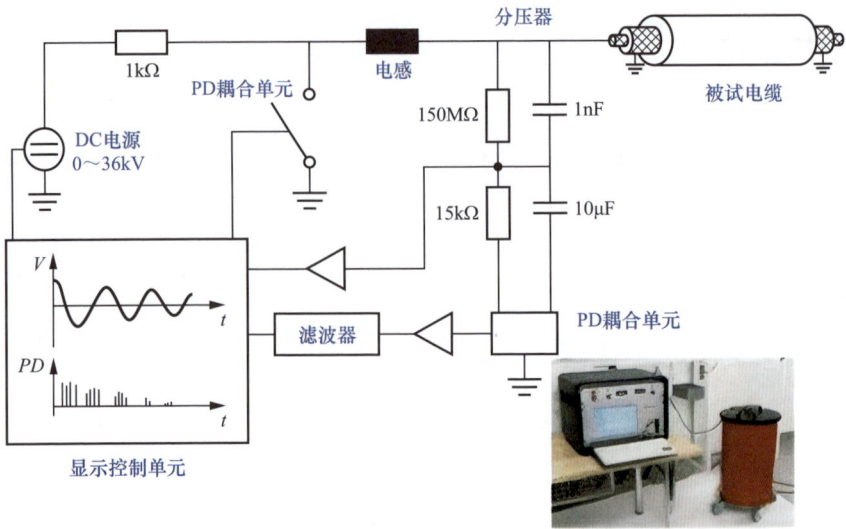

图 3-49 振荡波测试原理图

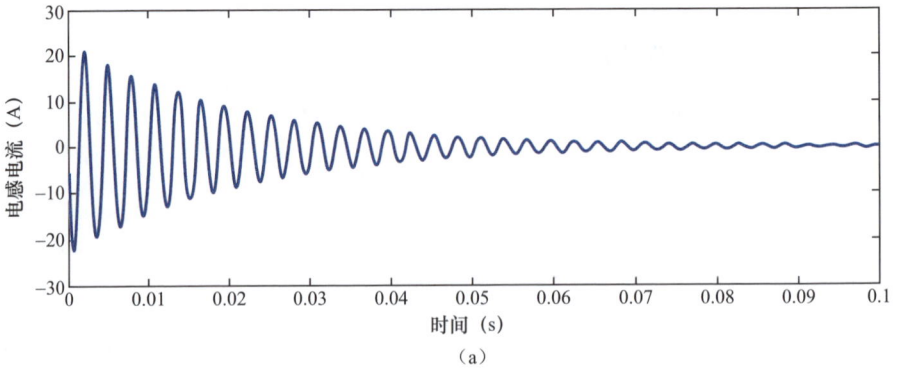

（a）

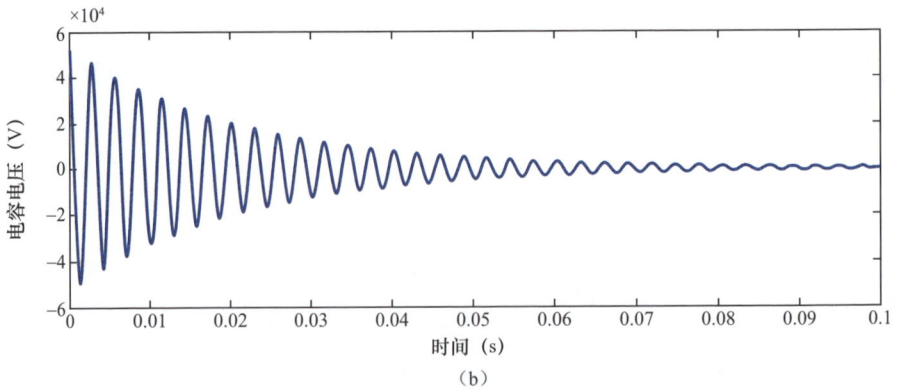

（b）

图 3-50 振荡波测试波形图

（a）电感电流波形；（b）电容电压波形

第四章

海底电缆施工工艺

第一节 海底电缆敷设工艺

一、敷设工艺

海底电缆是跨海联网输电、海上风电传输的关键装备。海底电缆风险很大一部分来自于施工和运行中的机械损伤，尤其是深海海底电缆工程，其受力直接与电缆单位长度质量及水深有关。要保证海底电缆在其使用期限内不出现意外事故，保证安全生产，海底电缆敷设的质量是重要一环。一般来说，放置在海床上的海底电缆，容易受到风浪、潮流、海底沉积物的迁移、海床滑移及海底地貌凹凸不平等原因导致损伤；位于航道附近或者捕鱼作业区的海底电缆，还容易受到船舶锚具及渔船拖网等碰撞挤压导致海底电缆损伤。所以，海底电缆的保护除了设置警示标识外，还要对海底电缆进行埋设。

海底电缆难以准确地敷设到预先挖好的沟内，所以一般多采用边敷设边埋设的方式进行施工。先将海底电缆穿入水下埋设犁的电缆仓通道，然后将水下埋设犁放置于海床面上，启动埋设犁泵阀系统，埋设犁犁刀前部的高压水枪在海床冲出电缆沟槽，然后船舶拖拽埋设犁沿着设计路由前移，同时电缆穿过埋设犁电缆仓通道滑入沟槽，靠海底泥沙自然回淤填入沟内，达到埋缆目的。

在施工过程中，利用海底电缆埋设监测系统对电缆的具体位置进行监控。有关施工数据的采集主要通过倾角传感器、电子罗经、姿态传感器、水深传感器、触地传感器、张力传感器、拖力传感器、计米器、水泵压力传感器及水下定位系统等完成。其中，倾角传感器、姿态传感器、触地传感器、水深传感器在施工过程中能显示当前埋设犁在海底的姿态及当时的水深情况，电子罗经、差分全球定位系统（differential global position system，DGPS）及水下定位系统则在施工过程中直观地反映当前的船位及电缆在海底的位置。同时在施工过程中可以通过拖力传感器测出牵引埋设犁的牵引力。这些数据都将为施工提供依据，并根据实际情况来调整施工参数，确保施工质量及电缆安全。

二、敷设施工工序

海底电缆敷设施工工序总体包括工程测量，路由勘察，电缆过驳、运输，路由扫海，试航，电缆始端登陆，陆上段电缆施工，海底电缆埋设施工，电缆末端上平台/电缆登陆，光缆熔接，电缆水下保护，终端制作，竣工耐压试验，余缆处理，见图4-1。

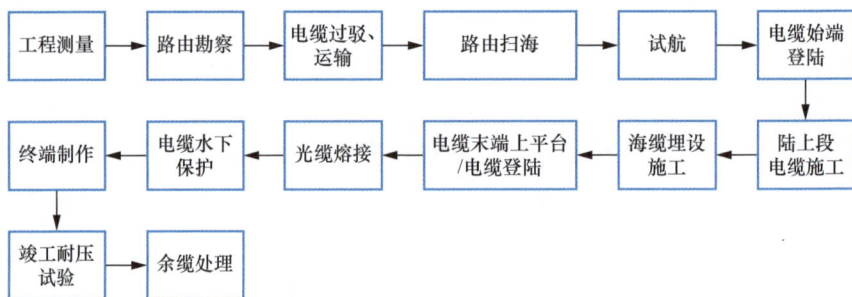

图 4-1　海底电缆敷设施工工序

第二节　路由勘察及扫海

一、路由勘察

为准确了解敷设海域海床情况，为海底电缆路由选择提供依据，针对海床地质情况，采取相应的保护措施来保护海底电缆，需要进行海底路由勘察。施工阶段路由勘察的目的：①验证工程设计勘察的结果；②复测影响工程质量的重点区域或对象；③了解工程设计勘察后到目前为止海域变化情况。如图4-2所示。海底路由勘察从平缓的海岸登陆段调查到深水区的主海域，包括水深测量、侧扫声纳调查、浅地层剖面调查、地磁调查、底质调查（表层沉积物调查、重力柱状调查等）、工程地质钻探、水文泥沙调查、腐蚀环

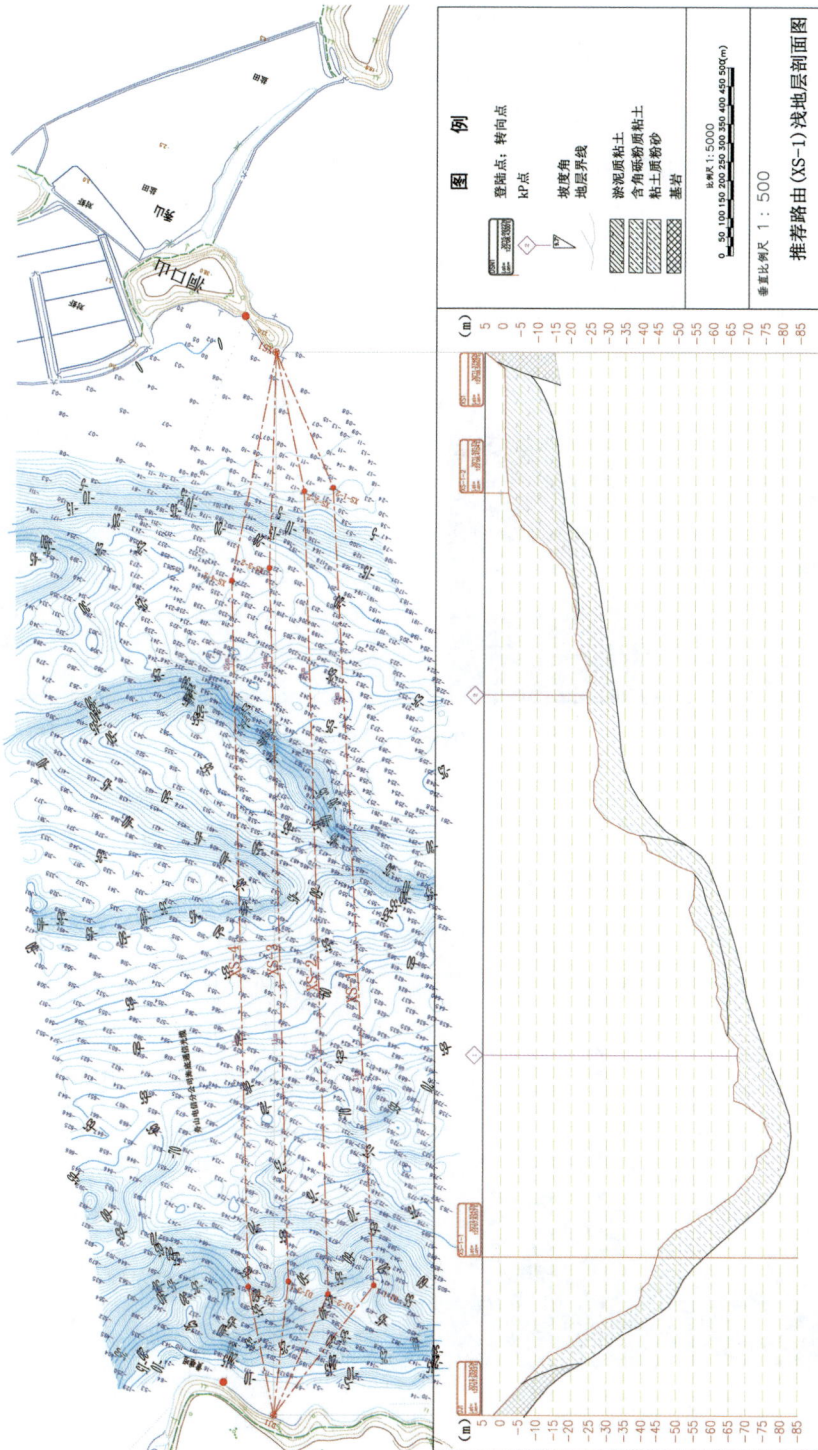

图 4-2　海底路由勘察

境调查、海洋开发活动调查、登陆点调查、海底冲淤研究等。使用的仪器包括回声测深仪、侧扫声纳仪、浅地层／中地层剖面仪、海洋磁力仪、多波束测深仪、抓斗、重力柱状取样器、工程地质钻机、海流计、测波仪、ADCP、盐度计、水位计、DGPS、导航软件、工程地质实验室仪器、腐蚀化学分析仪器等。

施工船抵达施工现场前，利用 DGPS 测量系统（见图 4-3）对各端登陆点及工程的各主要控制点进行测量复核。

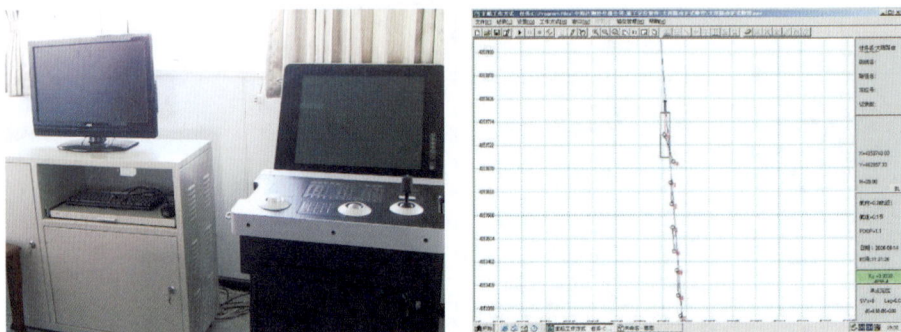

图 4-3　DGPS 测量系统

二、扫海

扫海主要解决施工路由轴线上影响施工的旧有废弃缆线、插网、渔网等障碍物。采用锚艇尾系常规扫海锚具，如图 4-4 所示，沿设计路由往返电缆路由扫海一次，发现障碍物由潜水员下水清理；若遇到不能及时清理的大型障碍物，由潜水员下水探明情况，反馈结果拟定解决方案。专用的扫海锚具 Grapnel Train 是由一系列抓钩组成，能够搜寻泥面以下 0.5m 左右深度的各种长废料，如绳索、网、链和锚，同时在工具尾端布置有张力检测设备，能够根据反馈的张力感知是否钩住废弃物并为下一步的处理提供依据，专用扫海锚具见图 4-5。

图 4-4　常规扫海锚具

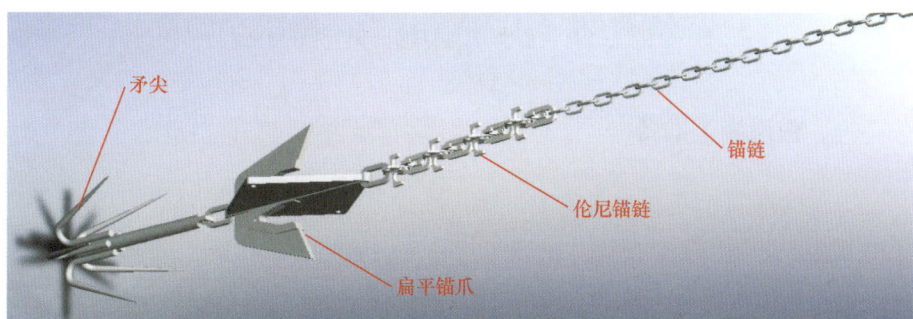

图 4-5 Grapnel Train 专用扫海锚具

扫海作业时，每隔一定时间或拖曳张力增加时回收工具，并将残骸回收、储存在甲板上以进行后续处置，或依照需要及指示移动至无关海域，如图 4-6 所示。

施工船舶到达施工现场之前，将安排相应吃水船舶在设计施工路由区域内进行试航（见图 4-7），以便更加熟悉施工区域内设计路由的各个关键点及潮水情况。对关键点在路由图上加以标识，提前做好应对措施。

图 4-6 扫海清理的残骸

施工前对船上的所有埋设设备及后台监测设备进行模拟操作演练，确保所有施工设备及监测装置正常，保证施工顺利进行及工程质量。

图 4-7 施工船试航

第三节　海底电缆敷设

一、敷设施工准备

工程前期应先办理相关施工手续，确保海底电缆工程合法、有效，还需要得到施工区域港务、航道、渔政等相关部门的配合。

施工期间发布航行通告及气象情况通知。海底电缆施工期间，由海事部门定期发布航行通告，提醒限制区域经过施工现场的航运船只绕道航行，避免事故发生。施工开始后，安排专人担任施工海域的维护、警戒、巡逻等工作，确保施工工作正常有序进行。

海底电缆敷设施工前，需提前完成并清理登陆点土建电缆沟，保持通道清洁畅通，各施工机械设备设置妥当，牵引绳索及充气胎布置完毕，满足海底电缆敷设的条件。

登陆岸边电缆警示标识的制造与安装提前完成，安装工艺应满足相关设计安装技术要求，标识牌的朝向应满足现场警戒作用，确保海底电缆登陆完成即处于保护状态。

二、敷设工艺介绍

（一）电缆过驳、运输

过驳地点为海底电缆生产厂家。海底电缆在过驳前厂家须对海底电缆进行出厂检验，对装载上船的海底电缆进行性能检测，包括逐根进行电压耐受、绝缘电阻、电容等测试，待测试符合设计标准后方能进行过驳施工。

过缆过程为：

（1）施工船靠泊海底电缆厂码头，调整船位，将施工船的缆盘（采用高度退扭或平面退扭方式）中心与海底电缆生产厂家的退纽架中心对齐，带缆固定船位；

（2）过缆时，厂方将海底电缆沿栈桥输送至海底电缆排线架顶，然后启动电动电缆托盘与之同步，将电缆盘绕至船上缆盘内；

（3）根据海底电缆铠装绞合方向，海底电缆在盘内采用人工沿俯视顺时针方向盘绕，盘绕前海底电缆头部预留 3m 长度在海底电缆盘圈内，以方便海底电缆测试。

过缆速度控制在平均 500m/h 左右。图 4-8 为过缆场景。装船完毕后重新对海底电缆性能进行检查测试，确认各项性能指标（耐压、绝缘电阻等）满足工程设计要求。过缆结束之后，施工船舶将海底电缆运输至施工现场或者指定场所等待进入下一流程。在此过程中要妥善保护海底电缆，并严禁烟火。

图 4-8　过缆场景

（二）电缆始端登陆

始端登陆前应完成电缆沟主体工程，警示标识已完成调试。由于电缆截面大、自重大，滩涂处需设置大滑轮，中途每隔 2m 利用小滑轮减小摩擦，协助岸上绞磨机进行登陆。具体步骤如下：

（1）施工船抛设八字锚稳定船位。

（2）启动主施工船布缆机将海底电缆通过入水槽送入水中，在海底电缆入水段每隔 2m 垫以充气胎助浮。

（3）启动岸上绞磨机，使之与主施工船布缆机同步，并密切注视中间电缆登陆质量。

（4）工作艇监视和控制海面上海底电缆弯曲情况，防止海底电缆打小圈。

（5）待海底电缆头牵引出施工船后，在海底电缆头上设置活络转头，并与设置在登陆点处绞磨机牵引钢丝连接，启动绞磨机，沿设计的登陆路由牵引海底电缆，并与船上布缆机同步，小船配合登陆。海底电缆牵引施工时，沿海底电缆登陆陆上路由设置滑轮，减少海底电缆牵引时的摩擦力。

（6）待海底电缆牵引施工完成后，电缆沟内海底电缆采用夹具固定，登陆点处采用锚固装置固定，在登陆点和终端塔处保留一定裕量。

（7）海上登陆海底电缆由人工解除助浮充气胎，沿设计路由将海底电缆放入海床中。

始端登陆场景见图4-9。

图4-9　始端登陆场景

（三）陆上段电缆施工

1. 施工技术要求

穿越后至接入陆上集控中心的登陆段电缆施工，应按照电力电缆穿越电缆沟设施的技术要求进行施工，并按照相关部门的规定设置固定的警告标志和河岸监视。登陆段电缆在穿越池塘等水体设施时，敷设深度按照泥面以下3.0m的规定。海底电缆锚固装置基础与电缆沟等混凝土设施的施工应满足相关混凝土工程的质量规范要求。

2. 电缆沟敷设施工

登陆段海底电缆应按照电力电缆穿越电缆沟设施的技术要求进行施工。按下列工序进行作业：准备好施工机具→全面检查开挖好的电缆路径→导轮就位（特别注意转弯处）→牵引机就位→拉出电缆头→施放牵引绳，连接好两端→牵引电缆→校正电缆位置并检查电缆→PE外护层摇测绝缘（如采用半导电护套则不需要）和耐压试验→电缆沟内盖混凝土盖板。图4-10为登陆段海底电缆牵拉施工。

电缆敷设在沟内支架上，要求电缆排列整齐、间距均匀，并采用夹具固定；敷设完毕后铺好电缆盖板。

图 4-10　登陆段海底电缆牵拉施工

（四）海底电缆埋设施工

1. 海底电缆敷设施工技术要求

（1）海底电缆采用海底直埋敷设方式，水下电缆不得悬空于水中，应埋置于海底。

（2）海底电缆敷设路径范围内的电缆转弯处、端部等部位，应在海底电缆施工完成后设置标识标记。

（3）深水区域可采用边敷边埋的施工工艺，也可采用先敷后埋的施工工艺，具体施工方案根据拟投入船机设备性能及现场实际情况决定。

（4）应按照图纸规定的电缆路由控制路径进行精确敷设。

（5）对于现场接头制作场地，应根据现场海况条件，对平台抗风浪情况进行分析计算，确保符合现场接头制作环境要求，以保证施工质量。

（6）礁石区海底电缆采用球墨铸铁套管＋混凝土连锁排防护方案或聚氨酯套管进行保护。

2. 投放埋设犁

海底电缆放入埋设犁的入水槽后，船头海底电缆装入埋设犁腹部，关上门板，采用50t起重机将埋设犁缓缓吊入水中（见图4-11），搁置在海床面上。严格按照埋设犁的投放操作规程，按照以下程序进行作业：起吊埋设犁，脱离停放架；将海底电缆装入埋设犁腹部，关上门板并在埋设犁海底电缆出口处设置吊点，保证投放埋设犁时海底电缆的弯曲半径；将埋设犁缓缓搁置在海床面；潜水员水下检查海底电缆与埋设犁相对位置，并解除吊点；启动 2 台高压海水泵；启动埋深监测系统；启动牵引卷扬机；施工船起锚，开始牵引埋设作业。

图 4-11　投放埋设犁

3. 埋设调节与控制

埋设犁的埋设速度由卷扬机的绞缆线速度决定，并由连接于卷扬机的变频器来控制与调节；埋设速度一般控制在 3 ～ 10m/min，如图 4-12 所示。

图 4-12　埋设犁调节与控制

在施工过程中，海底电缆埋设深度可通过调节牵引速度、水泵压力、牵引力及埋设犁姿态等手段来控制。施工过程可采用 2 台高压水泵，最大流量可以达到 240m³/h，工作压力达到 2.2MPa，可确保施工船的牵引速度在 6m/min 时，海底电缆的最大埋设深度达到 5.0m。另外增配 2 台高压水泵和液压控制系统，确保满足不同区域的设计埋设深度。

埋设时施工船易偏离路由轴线，拟采用拖轮及锚艇，在施工船背水侧或背风侧进行顶推，以纠正埋深施工船的航向偏差。考虑到施工区域潮水流速较快，施工时须提前抛设领水锚，防止船舶偏离路由距离过大，以确保施工路由左右偏差控制在 5m 范围内。

4. 电缆埋深监测系统

（1）电缆敷埋导航定位系统。为了确保海底电缆施工的路由精确性，海上导航全部采用 DGPS 卫星导航定位仪进行定位。海底电缆施工船和辅助船舶定位采用 DGPS 定向定位仪，同时在施工过程中采用水下超短基线定位系统精确定位电缆的实际路由。定位仪应具有良好的导航定位功能，提供定向、定位、起伏、横滚和纵摇时，95% 的时间内 1m 的差分定位精度。

（2）埋深监测系统。埋深监测系统由数据采集仪采集各传感器接入的传输敷设速度、牵引张力、电缆张力等的感应电流或电压信号，并接入计米器、水深仪、流速仪，经初步转换后传输给处理软件运算及处理，并反映至微机显示器或外接显示屏上，并进行连续存储。电测人员将各种数据反映给施工指挥人员，以供其及时掌握作业情况。通过布缆机的张力控制，可以保证电缆在敷设时张力控制在允许范围之内。图 4-13 为埋深监测系统。

图 4-13　埋深监测系统

图 4-14　回收埋设犁

5. 埋设犁的回收

待施工船施工至海上平台时，需将埋设犁回收至施工船甲板上，然后才能进行终端登陆，见图 4-14。

抛设 4 只"八"字开锚以固定船位，然后进行埋设犁的回收操作。严格遵守以下操作规程：调整牵引钢缆和埋设犁起吊索具，将埋设犁移至距左舷甲板处；逐件卸去导缆笼（见图 4-15）；采用卷扬机将埋设犁吊出水面，调整牵引钢缆及起吊索具，将埋设犁搁置在停放架上；将海底电缆从埋设犁海底电缆通道内取出并放入水槽中，海底电缆从海底电缆通道内取出时，在埋设犁尾部海底电缆出口处设置 2 个吊点保持海底电缆的弯曲半径。

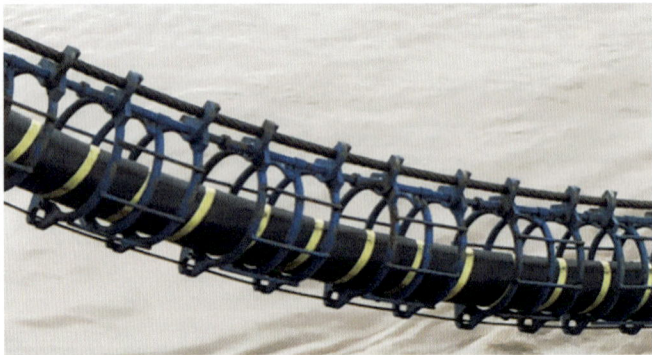

图 4-15　海底电缆导缆笼

6. 海底电缆截断封堵

在海底电缆终端登陆前，需完成终端登陆的施工准备工作，使其具备登陆条件。利用测距仪、皮尺等测量器具测量计算所需登陆的距离，在施工船上截下余缆，并对截断的海底电缆两端进行铅包封堵工作，防止外界环境对海底电缆截断点造成电气性能及绝缘影响，确保海底电缆埋设及后续工作质量。

第四节　海上平台端敷设

一、固定桩基平台安装

（一）登陆升压站

通常情况下升压站平台采用 J 形管的方式固定和保护登陆电缆，电缆截断封堵后，即采用"双头登陆法"进行平台登陆施工。量取平台底下 J 形管入口端至平台上电缆终端的总长度，从电缆一端量取这一长度，在此处绑一浮漂标识，方便后续弯曲限制器和中心夹具安装（见附录 A、附录 B）。当电缆穿 J 形管登陆施工前，首先由潜水员利用水下吸泥装置将埋于 J 形管处的淤泥清除，然后在 J 形管内穿一根牵引钢丝，并在 J 形管上口处安装一门架，并设置导向滑轮，确保在电缆穿管过程中电缆的弯曲半径不变。引入风机平台等构筑物时，在贯穿孔处安装 J 形管中心夹具和弯曲限制器，并进行海底电缆锚固，利用悬挂装置（锚固装置）、支架等将电缆固定安装，减少电缆对终端的拉力，对管口上端实施防火封堵等措施。

将电缆引上海上平台。首先应释放牵引绳，使绑扎充气胎的电缆浮于海面上形成"Ω"形状，铅封后的电缆头也浮于水面上。电缆引入风机平台设备前，考虑到以后更换电缆终端和基础冲刷，在进入平台前，电缆采用弯曲半径不小于海底电缆直径 20 倍的大"S"形且在海面预留足够长度，电缆预留至满足设计要求的长度后，沉放至海床。将电缆牵引头系于预先铺设在电缆终端平台的钢丝绳上，通过机械作业，水下潜水员配合，电缆穿过海上平台 J 形管下端口，并由牵引设备牵引导向至预定位置，然后通过电缆锚固装置、夹具等将电缆固定于海上平台甲板层平台上，图 4-16 为升压站的牵引场景。

（二）防火封堵处理

海底电缆登陆平台，确认海底电缆长度后，将海底电缆外护套和铠装层做剥离处理，如图 4-17 所示。最后按设计图的路由摆放，根据防火要求缠绕防火带，涂防火涂料，做好防火封堵的相关工作，如图 4-18 所示。

（三）复合缆引接光缆敷设及熔接

1. 技术要求

海底电缆引上海上平台预埋 J 形管出口后，通过一套锚固装置固定，并将内置光缆与电缆分离,在每个锚固装置后设置一光缆接续盒,从光电复合缆内剥离的光缆引入光缆接续盒,在光缆接续盒内转接成无金属光缆,穿管

(a)

(b)

(c)

图 4-16　电缆登陆升压站
(a) 牵引准备;(b) 海底电缆上平台;(c) 海底电缆牵引

图 4-17　海底电缆护套和铠装拆除

图 4-18　海底电缆防火处理

敷设（或下引而后穿管直埋），统一接入平台中控继保室内的光纤配线架（optical distribution frame，ODF），并完成光缆至 ODF 的所有光纤熔接工作。参加光纤熔接的焊工必须通过熔接工艺考试，并持有国家或行业颁发的相应合格证书。当供货合同中规定有特殊焊接要求时，应对焊工进行专项培训与试焊考核。

对相邻电缆之间的接头制作，应按供货商技术文件指定的连接工艺进行，所有连接材料应符合供货商技术文件和施工安装图纸的要求。

光缆施工应满足相关规范要求，光缆动态弯曲半径不应小于 $20D$，静态弯曲半径不应小于 $10D$（D 为光缆外径），保护管的两端应做好密封，防止进水。

2.　接续准备

接续前对需接续的 2 段光缆进行衰减及相关测试。确认光纤各项性能满足施工要求后对光缆进行开剥，并将光缆固定在光缆接头盒内，开剥纤芯束管，做好光纤熔接前的各项准备工作。

3.　光缆熔接

光纤的接续直接关系到工程的质量和寿命，其关键在于光纤端面的制备。光纤端面应平滑，没有毛刺或缺陷，熔接机能够很好地接受确认，并能做出满足工程要求的接头，如果光纤端面不合格，熔接机则拒绝工作，或接出的接头损耗很大，不符合工程要求。在制作光纤端面的过程中，首先在剥出光纤涂覆层时，剥线钳要与光纤轴线垂直，确保剥线钳不刮伤光纤；在切割光纤时，要严格按照规程来操作，使用端面切割刀要做到切割长度准、动作快、用力巧，确保光纤是被崩断的，而不是压断的；在取光纤的时候，要确保光纤不碰到任何物体，避免端面碰伤，这样做出来的端面才是平滑、合格的。熔接机是光纤熔接的关键设备，也是一种精密程度很高且价格昂贵的设备。在使用过程中必须严格按照规程来操作，否则可能造成重大损失。特别需要注意的是熔接机的操作程序、热缩管的长度设置应和要求相符。图 4-19 为光缆熔接后接头盒。

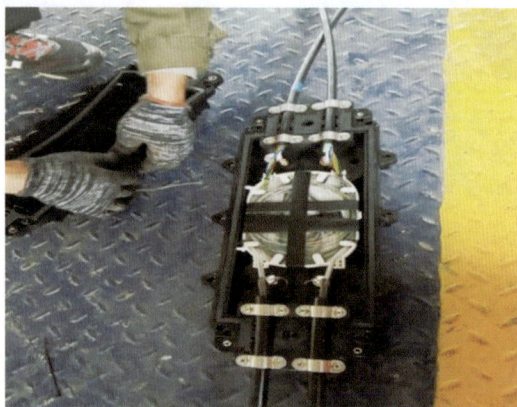

图 4-19　光缆熔接后接头盒

4. 光缆接头盒的密封

在实际工程中光缆接头盒的密封很重要。因为接头盒进水后光纤表面很容易产生微裂痕，时间长了光纤就会断裂，所以必须做好接头盒的密封。接头盒的密封，主要是光缆与接头盒、接头盒上下盖板之间这两部分的密封。在进行光缆与接头盒的密封时，要先进行密封处光缆护套的打磨工作，用纱布在外护套上垂直光缆轴向打磨，以使光缆和密封胶带结合得更紧密，密封得更好。接头盒上下盖板之间的密封，应注意密封胶带要均匀布置在密封槽内，并将螺母拧紧，不留缝隙。

二、浮动桩基平台安装

（一）动态海底电缆系统的布置

浮动桩基平台主要指海上漂浮式平台，如漂浮式风机基础、浮式生产储卸油船（FPSO）等。其在海上风、浪、流作用下不停运动，甚至可能遇到台风等极端工况，这对与之连接的海底电缆系统提出苛刻的运行条件。因此，需要采用能够适应剧烈交变环境载荷的动态海底电缆系统与浮动桩基平台连接。动态海底电缆一端固定于浮动桩基平台，一端铺设在海底，并配置各种功能类型的附件，以一定的线型悬浮在水中，常见线型如图 4-20 所示。动态海底电缆接口及水中的线型布置需根据运行环境及功能要求进行设计，因此对于动态海底电缆系统，不同项目的系统配置与安装都是有所不同的。

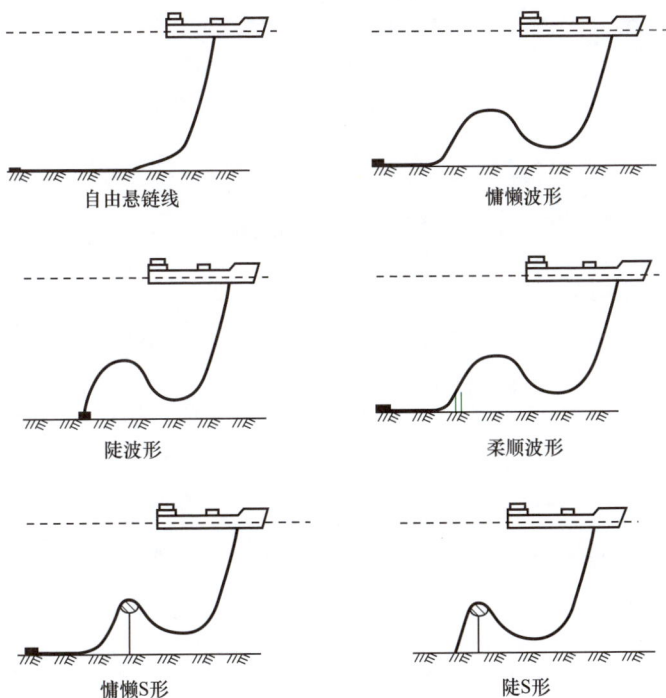

自由悬链线　　　　　　　　　慵懒波形

陡波形　　　　　　　　　柔顺波形

慵懒S形　　　　　　　　　陡S形

图 4-20　常见的动态缆线型

动态海底电缆在位运行形式特殊，在浮体与波流载荷的共同作用下，动态海底电缆的线型不断变化。为应对动态海底电缆所负拉弯与扭转载荷，保证疲劳寿命，实现浮式风电机组等浮动桩基平台稳定运行，动态海底电缆需配置一系列水下附件，保持动态海底电缆在水中的线型布置，将动态海底电缆运动控制在一定范围内。典型的动态海底电缆系统如图 4-21 所示。

（二）施工工艺

浮动装机平台安装施工流程如图 4-22 所示。

111

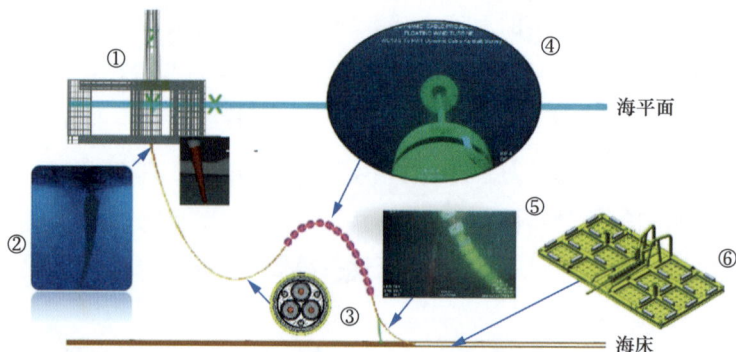

图 4-21 典型动态海底电缆系统配置

①—浮动桩基平台；②—防弯器；③—动态海底电缆；④—浮力块；
⑤—水下连接索具；⑥—海底基盘

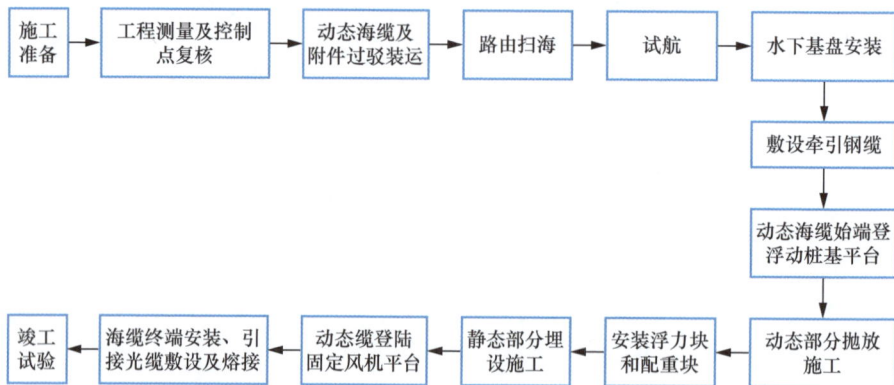

图 4-22 浮动装机平台安装施工流程

1. 水下基盘安装

（1）移船至基盘安装位置附近，遥控水下机器人（ROV）对基盘的安装位置进行预调查，清除该范围内对基盘安装有影响的杂物；

（2）下放基盘入水至距海底一定位置，遥控水下机器人在基盘和配重块之间通过钢丝绳连接。

2. 敷设牵引钢缆

由于动态海底电缆施工的特殊性，必须采用动力定位（dynamic position，DP）专业敷缆船施工，可以将路由坐标输入到 DP 控制系统中，敷设控制由 DP 系统执行，敷设精度可以达到 ±1.0m。

施工船根据 DGPS 定位，在距离动态浮式风机平台中心坐标位置

80～100m 范围内锚泊就位。由 DGPS 设备配合锚艇在设计路由上精准抛设固定锚，控制抛锚距离，避免与平台系泊锚链交越干涉。

由施工人员从浮式风机平台的锚固孔送出牵引钢丝绳，潜水员协助将牵引钢丝沿浮式平台下端引出并引接到施工船，在施工船舶甲板上安装好牵引钢丝绳和动态缆的牵引头。

3. 始端登陆浮动桩基平台

在动态缆始端登陆前，完成始端登陆的施工准备工作，使具备登陆条件。

主要施工工艺如下：

（1）在靠近平台的最佳路由位置，可以利用锚艇对主施工船锚自定位，需控制抛锚点与系泊缆距离，确保浮式平台的系泊缆和定位锚没有交越的可能。

（2）电缆头预先装有牵引头和防弯器，利用电缆牵引头连接浮式风机平台上的牵引钢丝绳，如图 4-23 所示。

图 4-23　动态海底电缆牵引头牵拉

（3）利用平台上的卷扬机拖拉电缆牵引头到悬挂点位置，固定好防弯器，脱开牵引头和防弯器的连接，继续牵引电缆到平台上所需海底电缆长度，沿预装的电缆桥架进入风机塔筒下部，预留好足够的余缆。

（4）平台所需海底电缆牵引到位后，安装好锚固，确认平台锚固和防弯器安装牢固。

（5）防弯器上部的动态电缆按照线路布局，安装电缆夹固定到平台电缆桥架上。

（6）固定好的电缆，完成电缆封堵、终端安装、光纤接续及熔接等工作。

4. 动态电缆（动态部分）抛放施工

根据路由设定动态部分抛放的控制点在动 - 静态过渡段的入水点。抛放控制如下：

（1）根据路由直线长度和动态部分长度，换算布缆机的速度，匹配施工船速度，确保动态部分的长度在施工要求范围内。

（2）将动态缆从入水点处导入海中路由线路，确保弯曲半径和缆的左右摆动不会对电缆产生损害。

5. 安装浮力块和配重块

（1）按照投标文件及施工图纸要求，需要在抛放要求长度后安装浮力块（如图 4-24 所示）和配重块，配重块和浮力块均采用哈弗式，确认米标、距离和数量，严格按照施工图纸要求和设计线型要求。配重块和浮力块安装位置见图 4-25。

图 4-24　浮力块安装

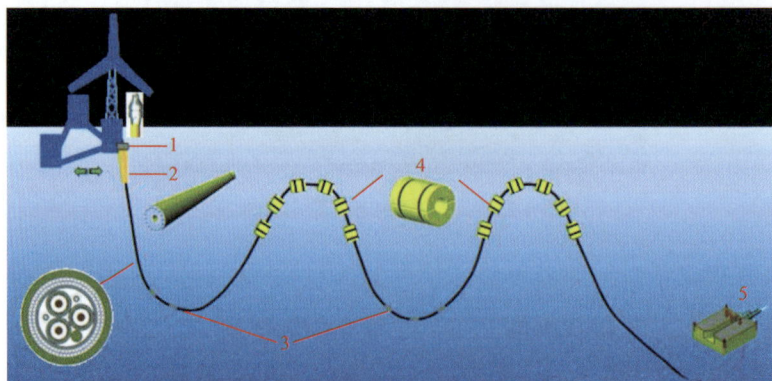

图 4-25　浮力块与重力块安装位置

1—锚固；2—弯曲加强件；3—配重块；4—分布式浮力块；5—海底限位装置

（2）安装每组配重块和浮力块后，潜水员水下摄像并确认所构的线型符合设计要求，依次完成水下海底电缆的构型曲线。

6. 基盘连接

（1）水下机器人（ROV）水下连接系缆夹和配重块；

（2）ROV 将连接器打开，把系缆（Tether）连上配重块，如图 4-26 所示；

（3）ROV 回收浮力块。

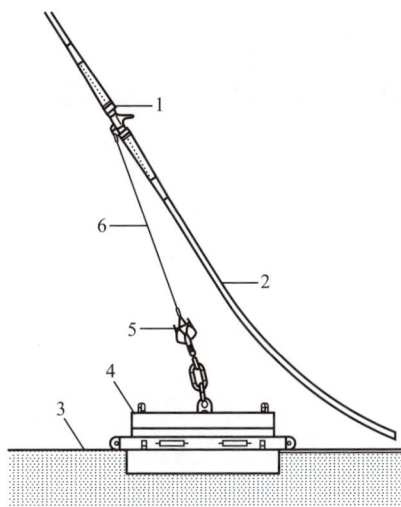

图 4-26　基盘连接

1—系缆夹；2—脐带缆；3—海床；4—配重块；5—连接器；6—系缆

第五节　登陆段定向钻穿堤施工工艺

在海底电缆登陆陆地施工时，海底电缆截断封堵结束后，需进行终端登陆施工，一般地形可以参考始端登陆。对于因环保要求或者地质条件等其他原因不便进行开挖操作的登陆段，可进行定向钻登陆施工，如图 4-27 所示。

一、定向钻施工工序

定向钻进铺管法原理：使用水平定向钻机进行管线穿越施工，其工作过程是通过导向仪进行导向和探测，先钻出一个与设计曲线相同的导向孔，然后再将导向孔扩大，把穿管回拖到扩大了的导向孔中，完成管线穿越的施工过程。施工过程一般分为三个阶段：第一阶段是按照设计曲线尽可能准确地钻一个导向孔；第二阶段是将导向孔进行扩孔；第三阶段是将穿管沿着扩大了的导向孔拖到钻孔中，完成管线穿越工作。

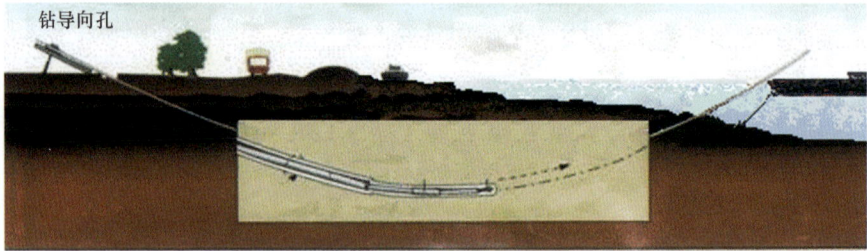

图 4-27　定向钻路由曲线

施工流程见图 4-28。

二、施工技术要求

施工方进行电缆穿堤施工过程中，需要对钻越段海堤进行临时管制申请，业主方负责向有关交通与水利部门办理申请手续，并承担所需费用。施工方应严格遵照施工设计文件的要求进行海底电缆穿堤施工，不可随意调整穿堤设计参数。

穿越海堤前引至岸上的登陆段电缆施工，应增加防止外力损伤的措施，并按照相关部门的规定设置固定的警告标志和监视。

三、钢管焊接

定向钻穿管一般采用金属管或非金属 PE 管，穿管在进入定向钻孔之前须进行逐段焊接。

1. 管道搬运、运输与存放

（1）管材搬运时，必须用非金属绳吊装。

（2）管材、管件搬运时，应小心轻放，排列整齐，不得抛摔和沿地拖。

（3）陆地搬运管材、管件时，严禁剧烈撞击。

（4）车辆运输管材时，应放置在平底车上；堆放处不应有可能损伤管材的尖凸物。

（5）管材、管件运输途中，应有遮盖物，避免暴晒雨淋。

```
┌──────────────┐
│   测量放线    │
└──────┬───────┘
       ↓
┌──────────────────┐
│ 修筑便道、平整场地 │
└──────┬───────────┘
       ↓
┌──────────────┐
│   设备进入现场  │
└──────────────┘
```

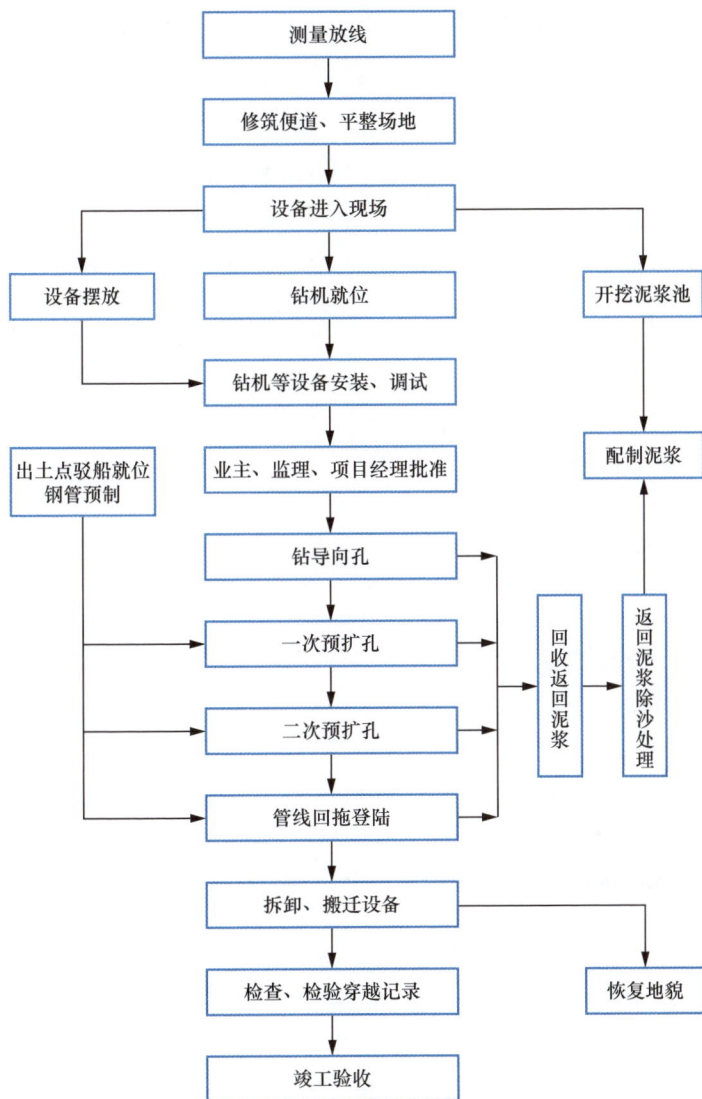

图 4-28 定向钻施工流程图

（6）管材应水平堆放在平整的支撑物上或地面上。堆放高度不宜超过1.5m，管材、管件在外临时堆放时，应有遮盖物。

2. 管道检验

（1）管道的检验：除检查管道的合格证外，还要进行管道外观的检查，防止有划痕、破裂等。

（2）管道切口表面平整，其倾斜偏差为管道直径的1%，但不得超过3mm。

3. 焊接

在焊接过程中，操作人员一般应参照焊接工艺卡各项参数进行操作。必要时，应根据天气、环境温度等变化对其作适当调整。

（1）核对欲焊接的管材规格、压力等级是否正确，检查其表面是否有磕、碰、划伤，如伤痕深度超过管材壁厚的10%，应予以局部切除后方可使用。

（2）用干净的布清除两管端的油污或异物。

（3）将欲焊接的管材做坡口处理。

4. 注意事项

（1）操作人员应遵循该工艺堆积和焊接工艺参数。

（2）焊口的冷却时间可适当缩短，但应保证其充分冷却。

（3）焊口冷却期间，严禁对其施加任何外力。

（4）每次焊接完成后，应对其进行外观检验，不符合要求的必须切断返工。

（5）冬季、雨季施工，应采取必须的防雨、防风、防冻措施。

四、泥浆性能的控制和调整

泥浆是定向穿越中的关键因素，被视作定向钻的"血液"，其主要作用是携带和悬浮钻屑并将之排放到地表，稳定孔壁和降低钻进时所需的扭矩和推拉力，冷却和冲洗孔底钻具。泥浆的主要工艺性能是流变性和失水造浆性，现场控制的主要因素是泥浆的黏度、各种添加剂的配制及泥浆的压力和流量。

（1）泥浆添加剂：为保证泥浆具有良好的流变性、高携砂性、固壁和润滑性能，在配出基浆的基础上，再按基浆质量的2‰～4‰比例加入各种泥浆添加剂，使用的泥浆添加剂有增黏剂、固壁剂和润滑剂等。

（2）黏控制：根据穿越段地层情况，在钻导向孔阶段，泥浆黏度控制在35～45S；在预扩孔和回拖阶段泥浆黏提高5～10S；实际工作中，泥浆的黏度随土层的不同而变化，应选用不同的添加剂。

（3）泥浆用量：定向穿越泥浆压力和流量时的控制原则是高流量、低压力，通过调整高压泥浆泵的档位和转速、泥浆喷嘴的直径和数量，控制钻进和回拉速度。造斜段：每方添加 2 包易钻、0.25L 帮手和 0.25L 万用王；水平穿越段：每方添加 2 包易钻和 0.5 ～ 1L 万用王。

五、钻导向孔

1. 导向与钻进

导向钻进是铺管成功的关键环节之一，如图 4-29 所示。这个过程需要至少两名操作人员，一名钻机操作者操作钻机，控制钻具在地下的状况；一名定位探测仪操作员，负责监测、探测钻头在地下的走向和进尺情况。钻头上装有可发射无线信号的探头，它可穿过地层发出一种特殊的电磁波，操作员手中的探测器可以接收这些信号，并经过处理后，让钻机操作者及时了解钻头目前的位置，显示的信号包括钻头走向、深度，造斜率和面向角等，以便及时调整钻头的方位，确保钻头按照事先设计好的轨迹钻进。钻机操作者可以在钻机上，通过仪表掌握钻进过程中施加给钻杆的压力和回转扭矩，在钻机仪表盘上，还可以看到来自探测装置反馈过来的一切信息，钻机操作者通过这些信息来调整钻头方位，通过操作台上的液压仪表和远距离信息显示仪表，可以随时观察孔底情况。

水平钻孔导向仪

图 4-29　钻导向孔示意图

2. 施工要点和施工注意事项

（1）敷设钢管两侧在钢护筒开挖前需要临时封堵，防止海水倒灌。

（2）为确保成功完成定向钻进的导向工作，要严格按照设计规划好的穿越曲线钻进，主要是控制好钻进曲线不同位置的深度和造斜率。在不超过管道弹性敷设半径或钻杆弯曲极限的范围内，操作员应确保按设计的轨迹钻地，如果前一段钻进没有完全符合设计曲线，所出现的差值可以通过下一段来修正，并记录实际钻孔与钻孔的偏差，通过计算来调整钻进的参数。

（3）设计钻孔轨迹时重点考虑以下影响因素：待回拖管线的材质、尺寸、曲率半径，钻杆弯曲极限，地层条件，地上、地下障碍物状况。

（4）导向孔钻进时，采用带斜面的非对称钻头。若一边旋转一边推进，钻孔呈直线延伸，即钻出一个直孔，若钻头只推进不旋转，由于地层给斜面钻头的反力的作用，使钻头朝斜面法线的反方向钻进，即实现造斜功能，钻出曲线或造斜孔。钻机操作人员根据地表的接收器探测出钻进参数（钻头的位置、深度、倾角和工具面向角等），判断钻孔位置与设计曲线的偏差，并随时进行调整，以确保穿越曲线按照设计的走向钻进。

（5）钻机配有控向探测仪器，其作用就是及时探测钻头在地下的实际位置，并将探测结果传输到地面接收显示器和司钻操作台上的远程显示器，司钻根据这些显示的数据进行方向调整和纠偏。

（6）在改变方向的过程中，钻孔的转角或弯曲半径应该控制在一定的范围内（$R=50D$，导孔轨迹的弯曲半径应大于 8m），只考虑钻杆的弯曲半径即可，使实际的钻孔曲线尽量平缓，以利于回拖。

（7）钻机场地准备好钻机到达现场安装调试完毕后，开始钻导向孔。导向孔的钻进质量或成败取决于下述因素：

1）钻头实际的左右位置偏离、深度和最小离地间隙（或最小地面覆盖）。

2）导向孔将提供实际的钻进土壤状况的资料，为正确决定预扩孔或回拖管子的工艺提供依据。

3）完成的导向孔曲线应该圆滑并逐渐转向，以便满足回拖管的要求。

（8）为顺利完成导向孔曲线的钻进，关键要十分注意以下各点：

1）正确地钻进第一根钻杆是非常重要的。先在钻头入土处挖一个小坑，使坑的平面与钻头进入方向垂直，并确信泥浆已经搅拌好已经具备开钻条件。

2）钻头转向 6 点钟的位置，开动钻液泵。确信钻头喷嘴中有钻液流动。开始朝前推进并穿透地面保持钻头进入地面的斜度。第一根要没有任何转向直钻。

3）接上第二根钻杆之前，要将这根钻杆转动并将钻头抽回入口坑，再将该钻杆旋转钻入地下。因为导向板总是大于钻头，这样重复钻进一次会形成更好的导向孔，并且可以在钻杆和孔壁间维持一个环形空间。

（9）钻进前要确认泥浆泵是开着的，并观察压力表指示。应及时调整钻液流量，以便入口坑有泥浆流回，这有助于操作员判断环形空间是否仍然畅通。

如果钻液压力表指向了最大值并停止在该位置，这说明钻头喷嘴可能堵塞住了，这时将钻头拖回并清除堵塞物。在清理喷嘴或卸下喷嘴之前，要确认钻机上泥浆压力已经卸掉。

（10）在钻孔的全程，定位员要决定钻孔的斜度、深度和与计划路径相关的实际钻孔路径，然后由操作员调整钻位置来达到。在朝前推进至旋转的过程中，密切注意遥控显示器上斜度的变化是非常重要的。

（11）对于任何一根钻杆，抽回再重复钻进有利于在钻孔中维持环形空间，也有利于充分混合泥土，并且钻液可以流过整根钻杆。重复钻进技巧的运用有利于在导引孔中维持一个良好的环形空间。

（12）钻机操作员要注意观察，若在出口坑没有钻液流出，意味着由于缺乏钻进经验或者使用了不适当的钻液，而导致了钻孔中环形空间的堵塞。随着钻孔长度延长，由于进入地下的钻杆摩擦力增加，从而旋转压力将会增大，旋转压力充分增大，可能是土层吸水并在钻杆四周膨胀的原因。如果发生这种情况，需要重新调整钻进泥浆和添加剂的性能和比例，或者重新钻导向孔。

（13）在整个钻孔过程中，必须时刻保证钻机操作员和定位员之间有良好的通信联系。

六、预扩孔

（1）预扩孔的工艺过程。

预扩孔就是在实际铺设管线之前，经过一次或多次扩孔来扩大钻孔的直径，以减小回拉铺管的阻力，确保施工顺利完成。最终成孔直径一般比管子直径大 200mm（或是管径的 1.5 倍）。

导向孔钻完成后，将钻头从钻杆上卸下，安装上合适的反扩孔钻头和分动器，然后在分动器后面接上回拉钻杆，进行扩孔钻进。扩孔的速度与地质及钻机的参数等因素有关，要选用合适的扩孔工艺参数才能顺利完成扩孔工序。图 4-30 为预扩孔示意图。

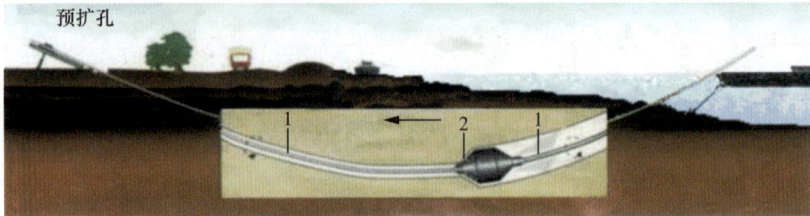

图 4-30 预扩孔示意图
1—拖拉杆；2—回扩头

（2）预扩孔的原则和注意事项。

1）预扩孔时，回扩头后面带的不是管子而是钻杆，钻杆是通过万向节与回扩头连接被拖入钻孔中的。

2）在安装后面的钻杆之前，要确认钻机是被锁定的。

3）当扩孔完成，拉完足够的钻杆后，将钻机锁定，用液压管钳在出口点卸开钻杆接头，接上回扩头、万向接和钻杆转换连接杆。

4）按照安全操作步骤进行预扩。保持机组成员与操作员密切联系，确保整个连接过程的安全。

5）扩孔时视工作坑的返浆情况，合理调配泥浆的黏度、比重、固相含量等技术参数。

七、回拖管线

（1）回拖管线的工艺过程经过预扩孔后，才可以进行管线的回拖工作，如图 4-30 所示，回拖管线时管线在扩好孔的孔中时处于悬浮状态，管壁四周与洞之间有泥浆润滑，这样既减少了回拖阻力，又保护了管线防腐层。经过钻机多次预扩孔，最终成孔直径一般比管子直径大 200mm，所以不会伤害钢管外壁。

先将拉管头与待铺管道连接起来，如图 4-31 所示，然后将拉管头与分动器连接，随着钻杆的回拉，管道慢慢进入孔内，直到完成全部管道的铺设，最后卸下扩孔钻头及分动器，取出剩余钻杆取下拉管头，铺管工作完成。

图 4-31　回拖管线示意图

（2）回拖管线注意事项。

1）回扩的过程中，主要目标是将回扩头切削下的钻屑与钻液混合成泥浆，以便将泥浆排出，为新装管线提供足够的空间；

2）回拖的过程对于成功地完成一个钻孔是非常重要的，这时需要合适性能和足够的钻液；

3）将回扩头与钻杆连接起来之前，检查万向节是否可用手自由转动；

4）拖头是锥形的封头，要求能承受回拖过程中将要承受的回拖力；

5）在回拖前、过程中和回拖之后，操作员和在产品管线一侧的机组成员之间要求有通信良好的对讲机；

6）回扩的速度不能够太快，回扩时需要时间切削地层并将切屑混合成泥浆；

7）拉管过程中为防止水及其他杂物进入待铺管道内，钢管末端设钢端帽。拉管头与钢管连接示意见图 4-32。

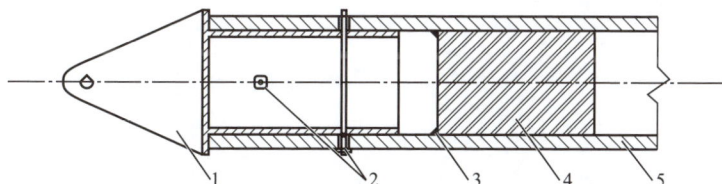

图 4-32　拉管头与钢管连接示意图

1—拉管头；2—定位销；3—封水胶；4—D160 木塞；5—D200PE 管

123

八、压密注浆

根据地基加固要求，压密注浆地基应采用单管静压注浆进行加固处理，压密注浆施工要点如下：

（1）压密注浆原理是通过注浆管将浆液均匀地注入地层中，浆液以填充、渗透和挤密等方式，挤走土颗粒间或岩土裂隙中的水分和空气后占据其位置，经人工控制一定时间后，浆液将原来松散的土粒或裂隙胶结成一个整体。水泥浆采用 P.O42.5 普通硅酸盐水泥配置，水泥浆的水灰比 1.0。注浆压力为 0.2M ～ 0.4MPa。

（2）注浆孔的孔径宜为 50mm，垂直高度偏差应小于 1%，深应达到加固体底部。待封闭水泥浆凝固后，移动单管（应捅去注浆管端的活络堵头）自下向上进行注浆。

（3）注浆流量可取 7 ～ 10L/min，对充填型注浆，流量不宜大于 20L/min。当用花管注浆和带有活堵头的金属管注浆时，每次上拔或下钻高度宜为500mm。

（4）浆体应经过搅拌桩充分搅拌均匀，并在注浆过程中不停缓慢搅拌，泵送前应经过筛网过滤。低温注浆应防止浆液冻结，高温注浆应防止浆液凝固。

（5）注浆顺序应调孔间隔，均匀对称进行，宜先外围后内部，严禁分块集中连续注浆。当地下水流速较大时，应从水头高的一端开始注浆。

（6）对渗透系数相同的土层，应注浆封顶，然后自下而上进行注浆，防止浆液上冒，如土层的渗透系数随深度而增大，则自下而上注浆，当出现冒浆时，应暂停注浆，待浆液凝固后再注，或加入速凝剂使浆液快速凝固。

九、海底电缆牵引

定向钻管道完工并经养护期后，可以用于海底电缆穿管牵引。

牵引之前，海底电缆施工船上的电缆采用充气胎等助浮装置送到管道入海侧的斜上方，管道入海端口安装喇叭口以引导电缆进入管道，将预留在管道内的钢丝绳一端与漂浮在海面上的电缆牵引头连接。

牵引时，将海面上的助浮装置逐个解除，使电缆逐段沉入水下；管道的入海端设置一名潜水员引导与守护电缆逐渐进入管道，管道的岸上端采用牵引机缓慢拉动钢丝绳，牵引机应配置拉力计，时刻监测拉力不超过电缆最大放线张力。

第六节　海底电缆水下保护

一、埋设保护

据统计，在2007—2018年间的海底电缆事故中，由船舶抛锚（43%）和渔船捕鱼作业（33%）引起的事故占绝大部分（超过75%），地质变化和磨损导致的事故各占10%，其余4%被归于其他原因。在美国电气和电子工程师协会（Institute of Electrical and Electronics Engineers，IEEE）海底电缆相关敷设规范中，锚害被认定为造成海底电缆损坏的首要原因。经过多年实践，通常认为最经济、最有效的海底电缆保护方式是进行埋设保护，能够有效减少锚害影响。即使用专业设计的海底电缆埋设犁（各类型号的埋设犁或水下机器人）将海底电缆埋设至海床表面以下（常见的渔具、锚具无法触及的深度），最大限度地保护海底电缆，使其免受外部风险的威胁。通过对拖网及其他渔业活动造成的海底通信电缆事故进行统计分析，结果表明自采用埋设保护后，事故率（按故障数/1000km统计）显著降低。因此，近年来几乎所有的海底电缆都采用埋设的保护方式。

二、保护管安装

海底电缆路由近海浅滩段的渔业活动频繁，是渔船作业抛锚的频发点，当海底电缆埋设深度达不到要求时，可采用铁套管、玻璃钢套管保护和预埋钢管或钢筋混凝土管保护，见图4-33。

套管由两个半片对称连接组装，而后用螺栓紧固。施工中水下潜水员首先在已被流沙掩埋的海底电缆路由地带寻找到海底电缆位置，而后使海底电缆暴露在海床上；撬起海底电缆下部，先安放下半片套管，而后对接上半片，同时将螺栓孔紧固。套管之间通过大口套小口连接，连接处允许小角度弯曲。

如使用铸铁套管，则应充分考虑交流海底电缆对套管产生的感应磁场问题，需核算保护段的载流量。球墨铸铁保护管安装方式有：①后保护安装的方式；②施工同步安装的方式。后保护安装方式安装时需要潜水员在水下操作，施工费用高，若潜水员水下安装达不到要求，经常会有脱节的现象。施工同步安装的问题是，由于球墨铸铁保护管的质量很大，人工安装操作时，安装速度较慢，人员容易劳累，易出质量事故，可以借助球墨铸铁管辅助安装设备。整体设计图如图 4-34 所示。

图 4-33　海底电缆套管保护

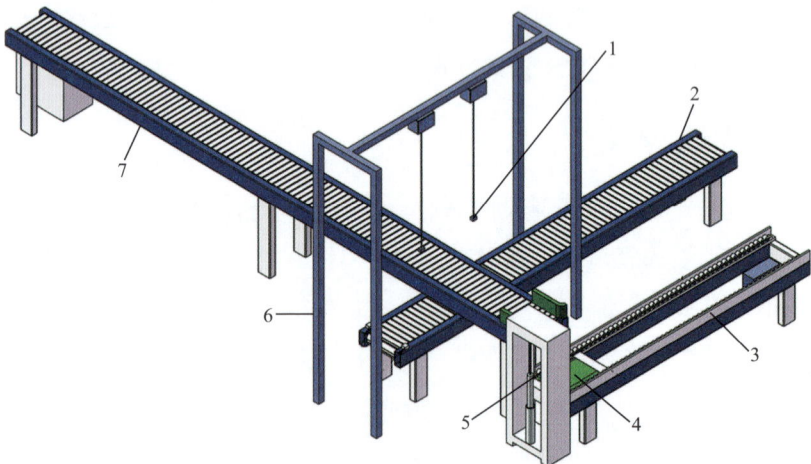

图 4-34　球墨铸铁管辅助安装设备

1—磁力吊具；2—横向输送带；3—横向双链输送带；4—气动顶升纵向传送平台；

5—信号控制器；6—门吊；7—纵向输送带

该设备于 2020 年 9 月在广东阳江海域三峡二期阳江海上风电场 220kV 海底电缆敷设中第一次应用，大大提高了球墨铸铁保护管的安装速度。图 4-35 为设备安装图。表 4-1 为铸铁保护管输送及安装设备应用数据对比。

图 4-35　铸铁保护管输送及安装设备安装图

表 4-1　　　　　　铸铁保护管输送及安装设备应用数据对比

序号	项目	使用前	措施	使用后	措施
1	安装速度	300～350m/天	一个施工窗口期不能完成，后续采用水下安装	800～1000m/天	可以在一个窗口期内完成
2	安装质量	质量稳定性低	经常返工	质量稳定	安装平台稳定
3	安全问题	易出安全事故	搬运事故，砸伤事故较多	不易出安全事故	体力工作较少

该项铸铁保护管安装新技术在实际应用中非常成功，有效地加快了施工进度，提升了施工质量，确保海底电缆长期有效的使用寿命。

此外，预埋钢管或钢筋混凝土管保护也是近海浅滩段常用的海底电缆敷设保护方式。一般在近海浅滩段预先挖好沟槽，并在沟槽中布置好钢管或钢筋混凝土管，然后回填，敷设海底电缆时应使其从保护管中穿过。坚硬的钢管或钢筋混凝土管对捕捞渔具和船锚具有较强的抵御能力。

三、抛石保护

抛石保护是典型的覆盖保护方式之一，见图 4-36。采用专用的船舶装载岩石至敷设的电缆上，并抛下岩石。岩石可以从驳船的单侧推出（侧向抛石），或从船舱底部抛出，该方法实施简单、快速，但费用较高，若海水较深，抛石还会对海底电缆产生较大的冲击力。采用柔性的抛石导管进行抛石是目前较好控制和较先进的作业方法。Nexans 公司用于抛石的船只最大装载量为 12000t，可以通过在抛石船上加装托架固定抛石导管的方法，将导管延伸到海底电缆上面 1 ～ 2m 处抛石。抛石全过程采用水下机器人监控，如发现悬空部分则补充抛石。因为抛石导管是延伸到海底电缆上方 1 ～ 2m 处才开始抛石，因此对海底电缆的冲击力很小，并且能够比较准确地定位。抛石保护需要使用特殊施工机械，且施工速度慢、费用高昂，不宜大范围使用。要监测抛石保护的护堤稳定性，发现有异常后应进行补强，以保持其形状免受海浪或潮流的影响。

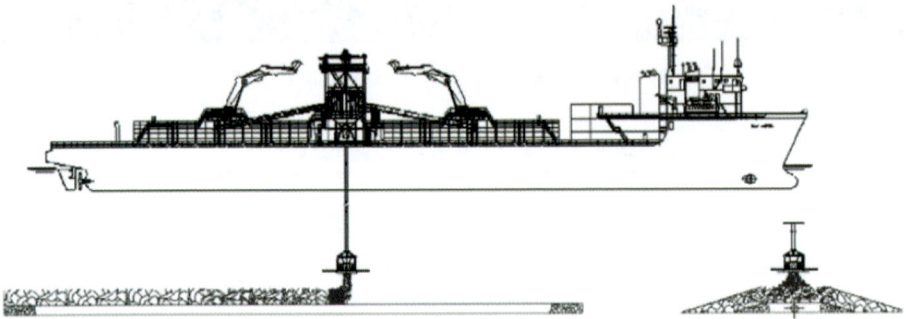

图 4-36 海底电缆抛石保护

四、混凝土软体排保护

混凝土软体排保护也是常用的覆盖保护方式之一。近百块大小相同的混凝土预制块连接在一起，构成一个保护垫，通过吊装设备将保护垫整体吊放在海底电缆上部，从而起到保护的作用，混凝土软体排保护示意图如图 4-37 所示。

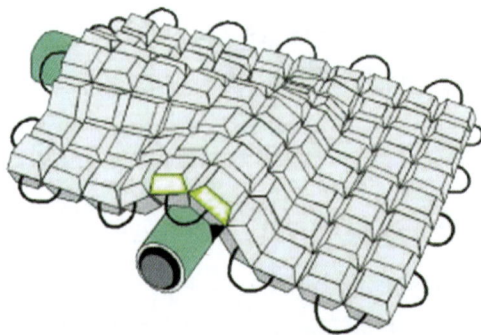

图 4-37 混凝土软体排保护示意图

（一）混凝土软体排结构

1. 礁石段海底电缆保护混凝土软体排

技术要求：每套混凝土软体排规格长约 5m，宽约 2m，总重约 5t；混凝土预制块规格 400mm×400mm×300mm，重约 120kg，块间距 50mm；丙纶绳直径大于 16mm，采用十字叉结。礁石段保护混凝土软体排尺寸如图 4-38 所示。

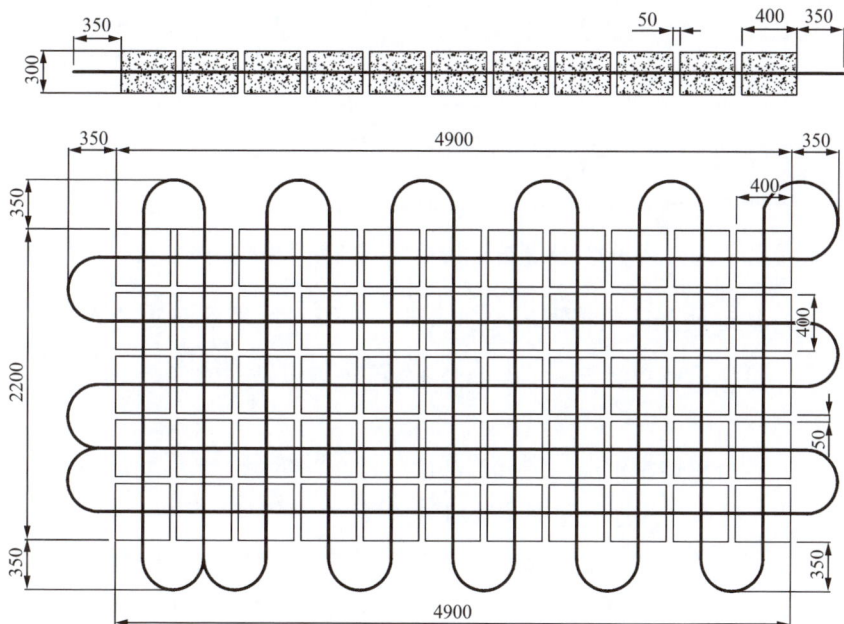

图 4-38　礁石段保护混凝土软体排尺寸图

2. 交叉点处理混凝土软体排

技术要求：每套混凝土软体排长约 10m，宽约 3m，总重约 19t；混凝土预制块规格为 400mm×400mm×300mm，重约 120kg，块间距 50mm；丙纶绳直径大于 28mm，采用十字叉结。交叉点处理保护混凝土软体排尺寸如图 4-39 所示。

（二）施工方法

（1）测量定位：采用高精度的 GPS 定位系统和水下测量设备，精确确定海底管线的位置和联锁排铺设的区域，包括海缆路由、长度、走向，设置明显的定位标志。同时详细勘查施工现场的海底地形、地质条件、水流速度、潮汐等工况。

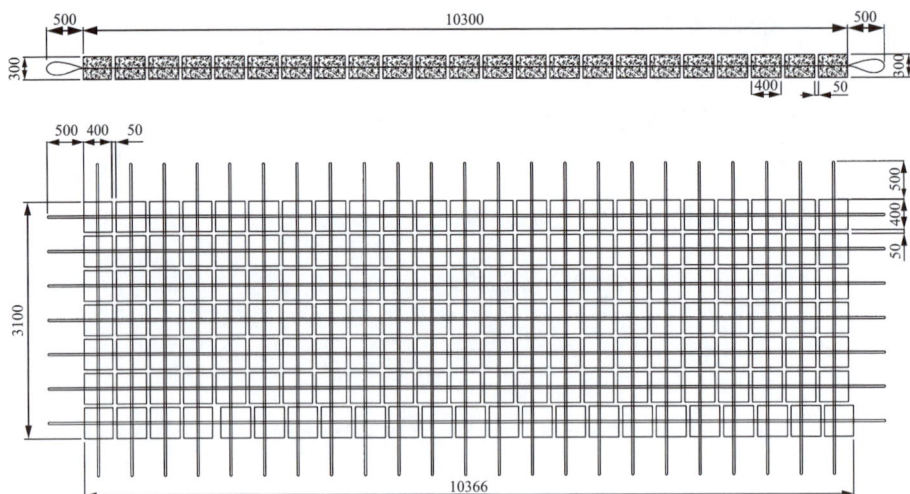

图 4-39　交叉点处理保护混凝土软体排尺寸图

（2）基础处理：根据现场地质条件，对铺设区域的海底基础进行平整和夯实，清除杂物和障碍物。如遇软土地基，需采取加固措施，如铺设土工布、砂袋等。

（3）砂垫层铺设：在处理好的基础上铺设砂垫层，采用专门的砂料铺设设备，确保砂垫层的厚度和密实度均匀。

（4）联锁排铺设：将混凝土联锁排按照设计要求逐块铺设在砂垫层上，可采用铺设船或潜水员水下作业的方式。铺设过程中，要保证联锁排之间的连接紧密，缝隙均匀。

（5）固定与连接：铺设完成后，对联锁排进行固定和连接，可采用焊接、螺栓连接等方式，确保联锁排在水流和外力作用下不会移动或脱落。当海缆出现故障或损坏时，需要移除混凝土软体排以进行维修或更换。

五、国内外海底电缆保护工程经验

国内外已实施的海底电缆工程众多，具体工程实施中均采用了适合自身工程特点的海底电缆保护方案。

（一）加拿大本土—温哥华岛 500kV 交流海底电缆工程

加拿大本土—温哥华岛的输电系统是建设两回平行的输电线路，每回输电线路的额定输送容量为 1200MW。每回输电线路长度为 148km，其中架空线路 109km、海底电缆 39km。海底电缆被 Texada 岛分为两部分，一部分海底电缆长 9km，另一部分海底电缆长 30km。该工程最大海深接近 400m，工程仅对最低潮水位时海深小于 20m 的海底电缆进行了埋设保护，海床为硬土地质时埋深为 1.5m，海床为砂土地质时埋深为 2m，其他部分在海中直铺。该工程自投运后三十年内未发生过海底电缆损坏事故。

（二）日本纪伊海峡 ±500kV 直流海底电缆工程

日本纪伊海峡 ±500kV 直流海底电缆工程长度为 49km，最大海深为 75m。电缆保护采用的是全程掩埋敷设的保护方式。对海底电缆的埋设深度，日本进行了详细的试验研究并进行了现场试验，最终确定海底电缆埋深为 2 ～ 3m（硬土为 2m）。该工程自 2000 年投运后 20 年内未发生海底电缆损坏事故。

（三）西班牙—摩洛哥跨越直布罗陀海峡 400kV 海底电缆工程

西班牙—摩洛哥跨越直布罗陀海峡 400kV 海底电缆工程电缆长度为 26km，最大海深 615m。采用的是浅海分段掩埋敷设的保护方式，掩埋深度为 1 ～ 3m。

该工程海底电缆的埋设方法如下：

（1）在西班牙侧海岸（总保护长度 3.5km）：海深小于 10m 时，埋深 3m 并采用铁护套保护；海深 10 ～ 26m 时，埋深 2m；海深 26 ～ 80m 时，埋深 1m。

（2）在摩洛哥侧海岸（总保护长度 1.5km）：海深小于 5m 时，采用预埋钢管保护，埋深 1m（长 100m）；海深 5 ～ 12m 时，开挖电缆沟，埋深 1m，并加铁护套（长 400m）；海深 12 ～ 30m 时，海底电缆直铺在海床上，在海底电缆上加盖水泥沙袋和碎石保护。

（3）其他部分均直铺在海床上。

至 2020 年为止，该工程未发生过海底电缆损坏事故。

（四）南方主网与海南电网第一回联网工程 500kV 海底电缆工程

南方主网与海南电网第一回联网工程 500kV 海底电缆工程起于广东徐闻终端站，止于海南林诗岛终端站，跨越琼州海峡，路由长度约 31km，共敷设 3 根海底电缆。该工程最大海水深度约 100m，所经海底陡坡最大约为 10°。该工程采用全程埋设和覆盖保护的方法，埋深 1.5 ～ 2m。电缆埋设主要采用

Nexans 的 CAPJET 挖沟冲埋机，利用水力进行挖沟冲埋，对海床较硬、不能挖沟冲埋的部分采取抛石保护。该工程于 2009 年正式投入运行，运行情况良好。

（五）厦门 220kV 交流李安线跨海电缆工程

厦门 220kV 交流李安线跨海电缆工程的最大海水深度为 20m，海底电缆路径部分基本为淤泥和海沙，海底电缆采用全程埋设保护方案，电缆埋在淤泥和海沙下 2m 左右，电缆上面无专门的保护层。该工程始建于 1987 年，1989 年正式投入运行，已安全运行了 30 多年。

（六）其他工程

（1）英法海峡直流联网工程、新西兰南北岛直流联网工程、菲律宾 Leyte-Luzon 高压直流联网工程等海底电缆工程均采用了浅海区埋设保护、深海区不保护的海底电缆保护方案。

（2）国内舟山群岛敷设有较多海底电缆线路，采用的保护方式基本为浅海区埋设保护、深海区（大于 40m 海深）不专门设置保护。

综上所述，对国内外同类工程的海底电缆保护方式的调研结果显示，国内外海底电缆工程保护主要采用海底电缆埋设保护，掩埋深度取决于海水深度和地质条件等因素。大部分的海底电缆工程采取的是浅海区埋设保护、深海区不保护的分段保护方式。

第七节　海底电缆终端制作

一、对终端的要求

电缆终端是整个电缆系统的关键部件。电缆终端与接头的制作，应由熟悉工艺的人员进行。电缆终端及接头制作时，应严格遵守制作工艺规程。电缆终端与接头应符合下列要求：

（1）型式、规格应与电缆类型（如电压、芯数、截面、护层结构）及环境要求一致。

（2）结构应简单、紧凑，便于安装。

（3）所用材料、部件应符合技术要求。

（4）电缆终端与接头主要性能应符合产品标准的规定。

采用的附加绝缘材料除电气性能应满足要求外，尚应与电缆本体绝缘具有相容性。两种材料的硬度、膨胀系数、抗张强度和断裂伸长率等物理性能指标应接近。橡塑绝缘电缆应采用弹性大、粘接性能好的材料作为附加绝缘。制作电缆终端和接头前，应熟悉安装工艺资料，做好检查，并符合下列要求：

（1）电缆绝缘状况良好，无受潮。

（2）附件规格应与电缆一致，零部件应齐全无损伤，绝缘材料不得受潮，密封材料不得失效。壳体结构附件应预先组装，清洁内壁；试验密封，结构尺寸符合要求。

（3）施工用机具齐全、便于操作、干净清洁，消耗材料齐备，清洁塑料绝缘表面的溶剂宜遵循工艺导则准备。

二、对 GIS 电缆终端安装平台的要求

对于高压交流海底电缆，两侧均采用 GIS 电缆终端与 GIS 设备连接，GIS 设备内部封闭 SF_6 气体。由于电缆终端在现场制作和安装，工作环境的湿度和洁净度对电缆终端的制作质量影响很大，绝大多数电缆故障易发生在终端。电缆终端的制作是电缆安装最为关键的一个环节，由专业队伍完成，对安装环境有极高的要求。由于在海上升压站，环境湿度大。电缆终端的安装需控制空气中的湿度和粉尘，同时应避免其他工作与电缆终端制作交叉进行。制作安装前应搭设密封良好的作业舱，安装除湿机、热风干燥等干燥设备，为电缆终端制作提供一个合格的环境，确保电缆终端安装完成后通过现场试验。

电缆终端制作首先需要一个稳定的平台，平台上作业舱采用加强型定制防雨半封闭帐篷，帐篷结构可拆卸，可防潮、防风、防尘、防阳光直射，室内配备空调、冷风机和除湿机等设备。工棚的长度、宽度与高度可调，以覆盖整体电缆终端制作安装区域。

终端制作安装时现场需满足以下前提条件，并严格控制作业舱内的温度、湿度和清洁程度：

（1）作业舱采用帐篷加脚手架构建组成。采用油布搭建类似简易房，作业舱覆盖整体电缆终端制作安装区域，作业舱尺寸可参考图 4-40（可根据电

缆终端位置与布置方式进行调整）。

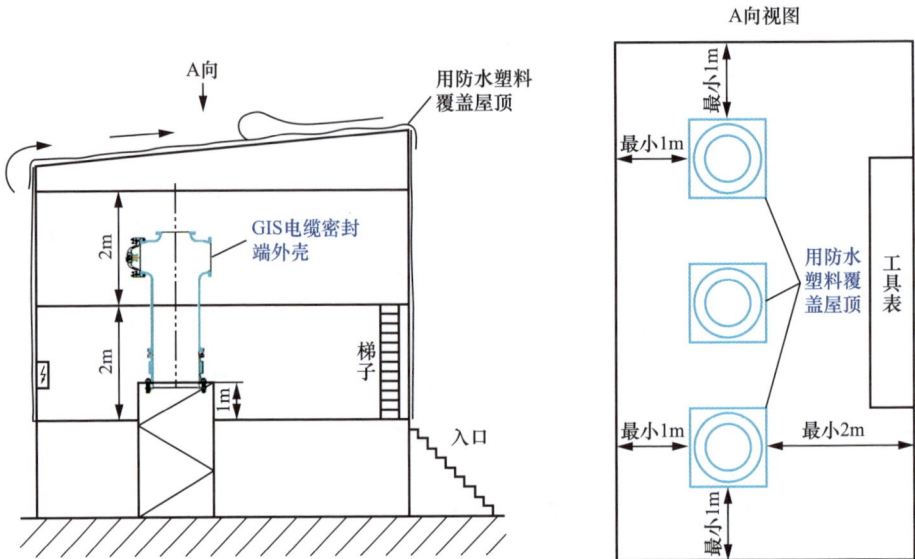

图 4-40　工棚尺寸示意

（2）作业舱作为安装洁净室，要求地面清洁，安装前必须使用吸尘器清扫洁净室内部，确保无尘埃（作业舱内部地面铺一层地板革，避免由于人员走动导致地面灰尘的再次产生）。

（3）作业舱顶部布置若干 150～200W 的施工照明灯具，提供充足照明。

（4）防潮、防风、防尘、恒温。需安装空调、净化机和除湿机等，使终端室环境指标达到如下要求：温度 15～30℃，相对湿度小于 75%（设置温湿度计监测）。环境湿度过高时，须使用除湿机来控制封闭空间的湿度。

（5）作业舱内电源需提供 1 条 220V 的电源线（5kW）供电缆终端制作专用。现场施工配合提供液化气 10kg，以及 99.7% 的酒精 5L，并且每组提供配合人员 3 人。

（6）作业舱采取措施净化施工环境，控制施工现场的洁净度。

三、海底电缆终端制作安装流程

海底电缆终端制作安装流程如下：

（1）海底电缆敷设固定到位。

1）将海底电缆牵引上平台 GIS 开关设备处并固定；

2）海底电缆端头预留出足够长度，以制作电缆终端。

（2）海底电缆绝缘与光纤测试。

（3）海底电缆终端现场制作与安装条件准备。

1）搭设作业舱，满足温湿度及洁净度要求；

2）检查海底电缆终端制作现场是否具备作业条件；

3）检查施工现场环境是否符合安装工艺要求；

4）清点安装所用材料是否完好、齐全并且适配电缆；

5）清点专用安装工具是否完好、齐全并且工作正常；

6）检查附件安装图纸及安装说明书等安装工艺文件是否在现场摆放；

7）安装工具及材料到达指定施工现场；

8）安装人员熟悉安装环境并进行安全培训及技术交底；

9）施工人员完成安全技术交底并形成记录。

（4）海底电缆处理，海底电缆外层铠装剥离。

（5）附件组装。

1）终端制作安装；

2）终端入舱就位。

（6）终端制作完成，如图 4-41 所示，开展耐压试验验收。

图 4-41　GIS 电缆终端完成

第五章

海底电缆施工装备

第一节 敷 设 船

海底电缆敷设船（见图 5-1），船上布置有储缆盘、过缆桥、布缆机、起重架、高压供水系统、埋设犁、海底电缆埋深监测系统、DGPS 定位系统、侧向锚泊定位系统、发电机组和生活舱等设备、设施。施工时采用敷设船自有的锚泊定位系统进行前进和纠偏。

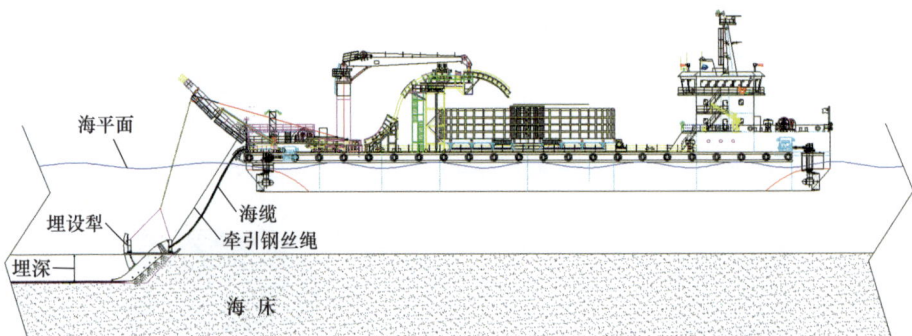

图 5-1　海底电缆敷设船

一、国内敷设船

海底电缆敷设船是为铺设和修理海底电缆或通信电缆而设计与制造的专用船舶，是安全、高效完成电缆敷设的关键，也是保障海底电缆施工顺利开展的重要载体。敷设船主要从事海底电缆的敷设、埋设、维修和装载运输等工作，同时也承担部分海底电缆路由勘察任务。海底电缆敷设船，常见的是以驳船或动力定位（DP）船作为工作母船，在母船上设置电缆舱或电动转盘，通过退扭架、布缆机、门形起重机、水下埋设设备等专用设备，将海底电缆直接敷设到海床上或埋设到海底里的施工装备。敷设船各主要装备及功用见表 5-1。

表 5-1 敷设船主要装备及功用

序号	设备名称	主要功用
1	电动转盘（退扭架）及电缆输送系统	完成海底电缆的平面退扭（高度退扭）、海底电缆的输送回收
2	埋设设备及高压水泵系统	利用高压水流或埋设犁完成海底电缆的深埋
3	导航定位设备及监测系统	确保海底电缆按照规定的路由进行施工，监测埋深质量及埋设设备在水下的工作姿态，同时指导定点抛锚工作
4	DP 系统	一种由计算机控制的船舶自动操纵系统。通过采集精确定位、气象、潮流速度等数据，自动调节不同推进器（螺旋桨、横向推进器、舵机）的推力，实现精确的动态定位，为海底电缆沿设定路由敷设提供保障和控制，是主敷设船作业的核心
5	钢绳牵引设备	通常用于浅滩段施工，由于浅滩水域 DP 系统受到限制，需要通过卷扬机收绞预先敷设在路由轴线上的牵引钢缆带动船舶前进完成浅滩段海底电缆敷设
6	布缆机	为海底电缆在船上移动提供主要动力，并配合电动转盘完成海底电缆下水
7	锚机系统	根据施工定位需要完成抛锚定位

敷设船按海底电缆入水的方向分为从船侧入水和从船尾入水两种，见图 5-2。海底电缆从船侧入水可使得敷设船的施工方向与水流方向平行，减少水流对船侧的冲击，故该形式多用于非自航式靠定位锚控制船只位置的敷设船。

(a)

图 5-2 海底电缆不同入水方向（一）

（a）从船侧入水

(b)

图 5-2　海底电缆不同入水方向（二）

（b）从船尾入水

目前，国内所使用的海底电缆敷设船按照航行方式可分为方驳型海底电缆敷设船和自航式海底电缆敷设船。

（一）方驳型海底电缆敷设船

方驳型海底电缆敷设船吃水浅，便于近海施工。国内敷设船多为该种形式。在潮流下，方驳型海底电缆敷设船较其他船舶相对更稳定，给船上施工人员提供相对稳定的平台。结合当前海底电缆工程多处于近海浅海区域的特点，目前国内海底电缆施工多采用方驳型海底电缆敷设船，由拖船将施工船牵引到作业区域进行海底电缆敷设施工。

2023 年 11 月 9 日，浙江启明海洋电力工程有限公司打造的全国最大海底电缆施工船"启帆 19 号"正式下水。"启帆 19 号"排水量 2.4 万 t，相当于一艘轻型航空母舰的排水量，在全国海底电缆施工船中排水量最大。"启帆 19 号"装配国内最先进的拖曳式水喷埋设犁，最大埋深达 4.5m；装配悬链式敷设系统和动态定位技术，可抵抗 9 级风力袭击和 4 节流海水冲击，敷设精度达 0.5m。"启帆 19 号"载缆量达 1 万 t，具备深远海海底电缆敷设与检修作业能力。

"启帆 19 号"见图 5-3，其主要技术参数见表 5-2。"启帆 19 号"采用电力推进技术，专设配电站，将柴油发电机产生的交流电能转换成直流电能，优化调配电力资源，减少碳排放量 20%；采用纵向敷缆方式，拓展施工作业范围 40%，并可加装直升机起降平台，为远洋海域海底电缆敷设提供作业条件。

2018 年 9 月 1 日，浙江舟山启明电力集团公司建造的国内首制 5000t 新型海底电缆敷设船"启帆 9 号"在马尾船政（连江）工业园区顺利开工，见

图 5-3　"启帆 19 号"海底电缆敷设船

表 5-2　　　　　　　　　"启帆 19 号"主要技术参数

部件名称	技术参数	参数值
敷设船舶	总长（m）	109
	型宽（m）	37.5
	型深（m）	8.5
	满载吃水（m）	6
	满载排水量（t）	24000
	总吨位（t）	11790
动力设备	主发电机组（kW）	2000×5
	停泊发电机组（kW）	350×1；150×1
	其他动力设备（kW）	1900×4
		600×1
		200×1
动力定位系统	等级	DP-1
	抗流能力（kN）	4
电动转盘	外径（m）	34
	内径（m）	5
	载缆吨位（t）	10000
埋设犁	埋设深度（m）	0～5
	作业水深（m）	0～100

图 5-4。"启帆 9 号"是一艘方驳型、宽敞尾部作业甲板、艏楼，配置牵引绞磨机系统、8 点锚泊定位系统及 4 台悬挂式全回转推进器，具备 DP-1 级动力定位的新型海底电缆敷设船，其转动电缆盘及埋设犁见图 5-5 和图 5-6。"启帆 9 号"具备 5000t 的海底电缆装载量，是我国第一艘自行制造具有动力定

位功能的万吨级海底电缆敷设船。动力定位系统实际上是一套计算机系统，它将导航定位信息、气象、颠簸及潮流等数据输入到计算机内，然后由计算机来控制船舶动力系统，让船舶沿设计路由自动航线，同时拖动埋设犁进行电缆深埋敷设。该种方式可大幅度减少施工人员，减少配合上的失误；反应快速、位置控制精确；施工速度快、周期短。但是，其受施工环境影响较大，在水流快、风速大、海浪高的恶劣施工情况下，其控制精度有所下降。"启帆 9 号"具体技术参数见表 5-3。"启帆 9 号"按我国近海航区设计，主要用于海上风电场海底电缆敷设施工、岛屿间互联供电及海底电缆检修等，也可用于其他海洋工程。世界首个 500kV 交联聚乙烯绝缘海底电缆工程——镇海—舟山 500kV 线路工程就是采用"启帆 9 号"方驳型海底电缆敷设船完成海底电缆施工。该工程为深埋敷设方式，敷设船采用动力定位（DP）系统敷设方式，埋设犁通过敷埋同步方式完成海底电缆的埋设。

图 5-4 "启帆 9 号"海底电缆敷设船

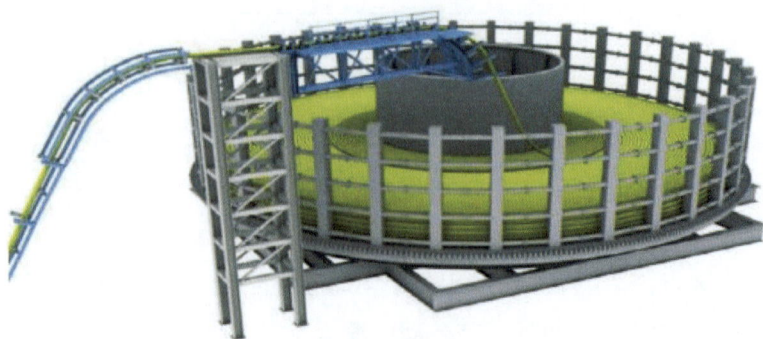

图 5-5 "启帆 9 号"转动电缆盘

图 5-6 "启帆 9 号"配套埋设犁

表 5-3 "启帆 9 号"主要技术参数

部件名称	技术参数	参数值
敷设船舶	总长（m）	110
	型宽（m）	32
	型深（m）	6.5
	设计吃水（m）	2.2～4.8
	满载排水量（t）	14300
	建设年份	2017
转动电缆盘	最大电缆外径（mm）	Φ50～300
	内外径（m）	5/7.5～26
	载缆量（t）	5000
埋设犁	行进方式	拖拽式
	地质	适用于泥、沙等地质
	埋设深度（m）	0～4.5
	工作水深（m）	2～100
	质量（t）	15
	作业方式	敷埋同步

在"启帆 9 号"建成投用之前，国内较为先进的敷设船为"建缆 1 号"，见图 5-7。"建缆 1 号"是一艘无动力平底方驳海底电缆敷设船，设计航线为国内沿海。采用双层底结构，适于近海浅水区作业及浅滩作业。"建缆 1 号"在 2014 年完成了升级，升级时在船上安装了一个无级变速海底电缆施工转盘（见图 5-8），极大地提高了海底电缆敷设的安全性和效率，其技术参数见表 5-4。图 5-9 为"建缆 1 号"配套埋设犁。

图 5-7 "建缆 1 号"海底电缆敷设船（改造前）

图 5-8 "建缆 1 号"转动电缆盘

图 5-9 "建缆 1 号"配套埋设犁

表 5-4 "建缆 1 号"主要技术参数

部件名称	技术参数	参数值
敷设船舶	总长（m）	65
	型宽（m）	22
	型深（m）	3.2
	吨位（t）	4000
	建设年份	2011

续表

部件名称	技术参数	参数值
转动电缆盘	最大电缆外径（mm）	Φ50～250
	收放线速度（m/min）	0～18
	最大载重量（t）	2100
	收卷内径（mm）	4000
	收卷外径（mm）	18000
	建设年份	2014
埋设犁	行进方式	拖拽式
	地质	适用于泥、沙等地质
	埋设深度（m）	0～3.5
	工作水深（m）	2～100
	质量（t）	10
	作业方式	敷埋同步

（二）自航式海底电缆敷设船

自航式海底电缆敷设船自身具有航行动力系统，自航式海底电缆敷设船有浙江启明海洋电力工程有限公司旗下的"舟电7号"海底电缆敷设船及宁波海底电缆研究院工程有限公司旗下的"东方海工01"海底电缆敷设船。

"舟电7号"作为自航式海底电缆敷设船，其航线设计为国际无限航区，具备出国承接国外项目的基本条件，其施工作业方式为单船作业（见图5-10）。"舟电7号"主要功能组成部分包括动力定位系统、海底电缆布放系统、海底电缆埋设系统等，见图5-11。"舟电7号"自航式海底电缆敷设船主要技术参数见表5-5。

图5-10 "舟电7号"施工作业方式

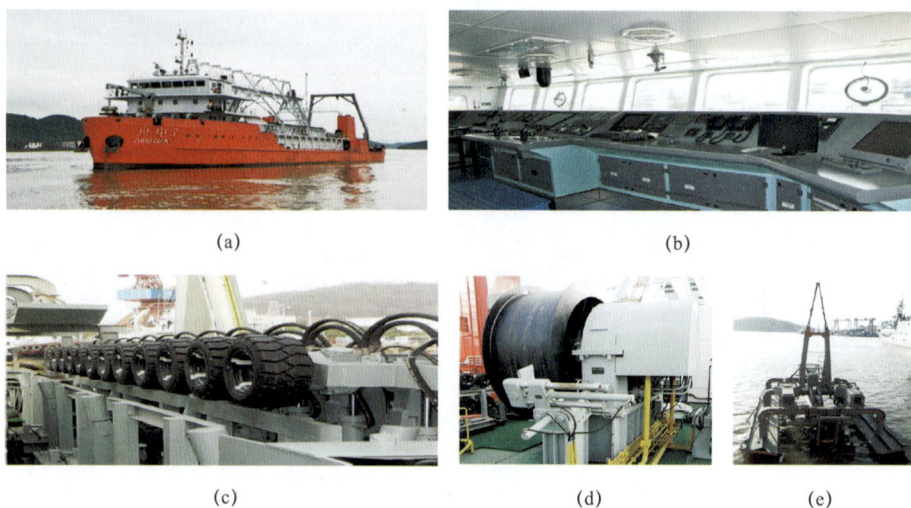

(a)   (b)

(c)   (d)   (e)

图 5-11 "舟电 7 号"海底电缆敷设船

（a）"舟电 7 号"整体图；（b）动力定位系统；（c）LT12-6 直线式海底电缆布放系统；
（d）GL20-6 鼓轮式布缆系统；（e）HM-350A 型射流式海底电缆埋设系统

表 5-5   "舟电 7 号"主要技术参数

部件名称	技术参数	参数值
敷设船舶	总长（m）	75
	型宽（m）	15
	设计吃水（m）	3.5
	满载排水量（t）	2989.3
	载缆量（t）	1200
动力定位系统	等级	DP-1
	定位精度	±1m
LT12-6 直线式海底电缆布放系统	描述	该系统有 12 对轮胎
	布缆速度（海里 /h）	0～5
	布缆控制张力（kg/ 对）	750
	牵引张力（kg/ 对）	600
	轮胎张开尺寸（mm）	≥ 300
GL20-6 鼓轮式布缆系统	最大牵引力（t）	20
	最大制动力（t）	25
	布缆速度（海里 /h）	0～4
	直径（m）	3

续表

部件名称	技术参数	参数值
HM-350A 型埋设犁	适用水深（m）	2～100
	埋设深度（m）	0～3
	埋设速度（m/h）	100～600
	海底电缆通道（mm）	≥200
	埋设犁质量（t）	7.7

　　"东方海工 01"敷设船是 2017 年由福建省马尾造船股份有限公司建造的自航式海底电缆敷设船，见图 5-12。其施工作业方式与"舟电 7 号"相似。该船是国内首制 DP‐2 级动力定位敷缆船。船舶四角采用了全回转可升降 1500kW 电推进器，具有反应与处理速度快、高精准等特点。在 3 级洋流、7 级风、浪高 2m 情况下精度可达 ±0.5m。该敷设船主要功能组成部分包括动力设备、动力定位系统、海底电缆转盘、布缆机、海底电缆埋设犁等。"东方海工 01"自航式海底电缆敷设船主要技术参数见表 5-6。

图 5-12　"东方海工 01"海底电缆敷设船

表 5-6　　　　　　　　　　"东方海工 01"主要技术参数

部件名称	技术参数	参数值
敷设船舶	总长（m）	86.64
	型宽（m）	28
	型深（m）	5.5
	满载吃水（m）	3.6
	满载排水量（t）	7822.5
	总吨位（t）	4449
动力设备	主发电机组	2000kW×4

续表

部件名称		技术参数	参数值
动力设备		停泊发电机组	300kW×1；120kW×1
		其他	2206kW 柴油机 ×4
			330kW 柴油机 ×1
			180kW 柴油机 ×1
动力定位系统		名称	Mega-Guard E-series
		等级	DP-2
电动转盘		外径（m）	25.5
		内径（m）	5
		高度（m）	4.5
		载缆吨位（t）	3500
		最大送缆速度（m/min）	18
		动力来源	90kW 电机 ×4（2 用 2 备）
布缆机	布缆机 1	最大牵引力（t）	10
		最大速度（m/min）	18
		型式	履带式
	布缆机 2	最大牵引力（t）	3
		最大速度（m/min）	18
		型式	轮胎式
埋设犁		刀臂长（m）	6.8
		犁宽度（m）	5.5
		埋设深度（m）	0～4
		埋设速度（m/min）	0～10
		水泵	315kW×4
		埋设犁质量（t）	18

目前，我国主流海底电缆施工企业敷设船持有情况见表 5-7。

表 5-7　　　　国内主流企业敷设船持有情况

企业名称	敷设船持有量（艘）	最大型敷设船基本参数				
		长度（m）	型宽（m）	型深（m）	设计吃水（m）	载缆量（t）
宁波东方	8	86.64	28	5.5	3.6	3500
浙江启明	5	109	37.5	8.5	6	10000
江苏亨通	2	85.95	27.43	5.49	4.25	5000

二、国外敷设船

国外海底电缆敷设船研究起步较早且技术比较先进，多采用动力定位系统海底电缆敷设方式，配备了先进导航定位系统及海底电缆敷设施工装备，可满足全球范围内的海底电缆施工需求。这些海底电缆船主要集中在法国耐克森公司、日本 KCS 株式会社、意大利普睿司曼公司及英国、挪威、美国等海洋装备大国。

（一）自航式敷设船

1. KDDI OCEAN LINK 海底电缆敷设船

KDDI OCEAN LINK 是日本 KCS 株式会社旗下的一艘海底电缆敷设船（见图 5-13），配备了用于海底电缆工程的高级设备，如最新的动态定位系统、双布缆设备、自动船位保持装置、ROV等，可实现及时、经济、高效的海底电缆施工和维护。

KDDI OCEAN LINK 常年在横滨地区进行海底电缆施工和维护。该船主要用于海底电缆的铺设、掩埋、维修和保养。该船配备了最新的电缆处理设备和

图 5-13　KDDI OCEAN LINK
海底电缆敷设船

各种高科技设备，可提高电缆敷设工作的安全性和效率，并积极为新的国际通信网络服务。其主要技术参数见表 5-8，结构见图 5-14。

表 5-8　　　　　　KDDI OCEAN LINK 主要技术参数

技术参数	参数值
总长度（m）	133.16
宽度（m）	19.6
深度（m）	11.6
总吨位（t）	9510
吃水尺寸（m）	7.4
自重（t）	约 6270
海底电缆转盘容量（m³）	2300（共 3 个转盘）
主发动机	2200PS×720/120rpm×4 台

技术参数	参数值
主螺旋桨	4 片 ×2 组
辅助发电机	800kW×2 台
主发电机	1760kW×2 台
柱推进器	920kW×2 台
船尾推进器	920kW×1 台
动态定位系统	1 套
通信设备	卫星电话
服务速度（km/h）	约 28
布缆机	EL-HY 鼓式 ×2 台；EL-HY 轮胎式 ×1 台
甲板起重机（EL-HY）	2 台（各 3.5t）
载人量	85 人

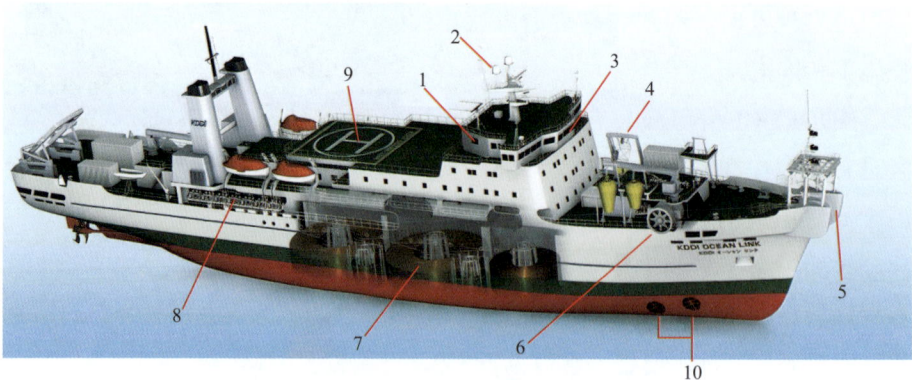

图 5-14　KDDI OCEAN LINK 海底电缆敷设船

1—控制室；2—通信卫星天线；3—动态定位系统；4—ROV；5—弓形滑轮；
6—鼓式布缆机；7—电动转盘；8—线式布缆机；9—直升机停机坪；10—船头推进器

KDDI OCEAN LINK 的主要性能特点如下：

（1）配备 2 台 4 叶片可调节螺距螺旋桨作为主推进器，同时配备 2 台船首推进器和 1 台船尾推进器，实现了高性能的动态定位能力，可在恶劣工况下保持船身稳定。

（2）整体式甲板用于船首甲板、工作甲板和船尾甲板等工作区域，保留了宽阔的工作空间。

（3）在船首侧配备了两个鼓式布缆机，在船尾侧配备了一个线性布缆机，可以应对包括海底电缆维修、保养和高速铺设在内的多种工作模式。

（4）配备了水下机器人。水下机器人在海底电缆的敷设、维护中得到了良好的应用。

（5）配有救生艇和直升机平台。

2. 法国自航式海底电缆敷设船 Nexans Aurora

法国耐克森公司打造的具备世界上最先进水平的自航式海底电缆敷设船 Nexans Aurora 如图 5-15 所示。

(a)

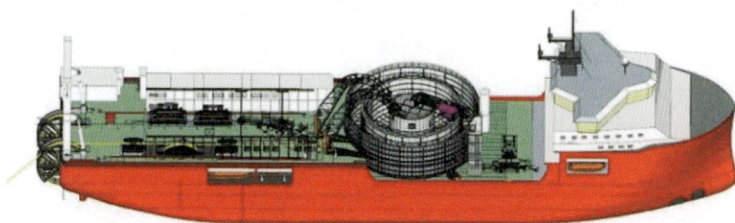

(b)

图 5-15 Nexans Aurora 海底电缆敷设船

（a）实际施工图；（b）结构示意图

Nexans Aurora 海底电缆敷设船具有以下特点，其主要技术参数见表 5-9。

（1）敷设船载重量巨大，可达 17000t。

（2）采用内外双层式海底电缆转盘，转盘承重量可达 10000t。

（3）采用 DP-3 级动态定位系统，配合先进的敷设船动力系统和控制系统，可实现敷设船的精确控制。

（4）采用海底电缆双敷设模式，可实现两根海底电缆的同时敷设，可极大地提高施工效率。

（5）船上配有医院，可有效保证施工人员身体健康，并配有直升机平台。

表 5-9　　　　　　　　　　Nexans Aurora 主要技术参数

技术参数	参数值
总长度（m）	149.9
宽度（m）	31
总吨位（t）	17000
内外双层式海底电缆转盘（t）	10000（5000+5000）
光缆转盘（t）	450
船首推进器	导管式：3000kW×2 台
	伸缩式：3000kW×1 台
船尾推进器	3200kW×3 台
动态定位系统	DP-3
服务速度（km/h）	约 26
载人量	90 人
其他	配有医院

（二）方驳式海底电缆敷设船

国外海底电缆施工中也有应用到方驳式海底电缆敷设船，如法国耐克森公司的 UR 141 型海底电缆敷设船，见图 5-16，其主要技术参数见表 5-10。

图 5-16　UR 141 方驳式海底电缆敷设船

表 5-10　　　　　　　　　**UR 141 主要技术参数**

部件名称	技术参数	参数值
敷设船舶	总长（m）	91.71
	型宽（m）	30.48
	型深（m）	7.62
	设计吃水（m）	6.16
	最大承重（t）	14011
	自重（t）	2225
	甲板平均承重（t/m²）	15
转动电缆盘	内径（m）	5
	外径（m）	28
	壁高（m）	6
	载缆量（t）	7000
	驱动马达数	4
	驱动方式	自动／手动驱动
其他	布缆机	10t×2（配有专用导缆器）
	发电机	风冷柴油机 ×2

第二节　埋　设　设　备

一、国内埋设设备

为避免电缆受到船舶抛锚和渔业作业的伤害，通常采取深埋作业保护。目前国际上用于海底电缆埋设的设备主要包括浮游式挖沟机和拖曳式挖沟机。拖曳式挖沟机按照原理有水喷式和机械切割式，从外形看一般是犁式。浮游式挖沟机有水喷式和机械切割式，从外形看有犁式和履带式。由于浮游式挖沟机（通常是有缆式水下机器人，ROV）设备成本、施工成本、运营维护费用高，且考虑到我国海底电缆施工受海洋地域环境、海洋水文、施工技术等条件的影响，中国当前主要采用拖曳水喷式挖沟机敷埋同步施工工艺。

拖曳水喷式挖沟机的工作原理为：利用高压水泵产生的高速水流输送到位于设备前端的喷嘴，从喷嘴喷出的水流可达到很高的速度，可将海底泥质、沙质甚至基岩冲走，形成一条海底沟道。

拖曳水喷式挖沟机具备以下特点：

（1）抗流性能强。设备结构是综合机械，在水下的工作状态与工况条件相适应。挖沟机主机纵向与侧向迎水面较小、重心位置较低，自然摆放在水底，在6～7节水流中能保持良好姿态，作业时抗流性能好。

（2）埋设深度可调。埋设海底电缆时，挖沟机雪橇板紧贴海床面前进，海底电缆埋设深度也就是挖沟机水力开沟刀插入土体的实际深度。该深度通过变幅水力开沟刀调节，埋设深度可在设计范围内变化。根据调研，目前我国施工用挖沟机埋设深度可在0～3.5m范围内进行调整。

（3）埋设速度可调。根据调研，目前我国施工用挖沟机在施工环境良好的情况下，埋设速度可在0～12m/min范围内进行调整。

（4）工作水深可调。在海底电缆埋设施工工程中，需将挖沟机投放至海水中，目前我国施工用挖沟机工作水深范围为水下0～100m。

拖曳水喷式挖沟机主要由埋设犁主结构框架、埋设犁水刀犁体、水刀犁体液压系统、埋设姿态监控系统、水下高清摄像系统、高压泵阀系统、高压管线脐带绞磨机、高压水刀管线等部分组成。这些设备技术的结合可以保证设备在恶劣的海况下，保持良好的姿态和稳定性，在海底冲沟作业时不伤害海底电缆，顺利完成敷埋作业。

1. 主体结构

拖曳水喷式挖沟机通过载缆工程船拖拉前进，一般拖拉力最大为300kN，犁出一个最大深度为4.5m的U形沟，电缆通过犁刀电缆仓随之敷设至沟底。敷埋深度由挖沟速度和土质条件决定。挖沟机的高压水刀犁体可通过船上液压控制系统调节角度，以保证电缆的弯曲半径和适当敷埋深度。吊点应位于埋设犁的重心，如果由于外部原因改变了重心位置，吊点位置也可以随之改变，如图5-17所示。水下姿态仪密封舱、液压缸等设备应安装在犁体结构框架合适的位置上，挖沟机结构如图5-18所示。

主体结构组成部分有：①高压水刀犁体，犁体能够沿转轴旋转张开，最大可张开60°角，通过液压系统可以控制其张开角度，其凭借位于犁体和框架之间的液压油缸实现动作，犁体上装有姿态传感器监测犁刀的张开角度，油缸设计过程中就考虑了犁体最大张开角度要用的力；②防沉滑靴，埋设犁的底部两侧各安装一个防沉滑靴，提供埋设犁在软质沙土中的支撑，保证埋

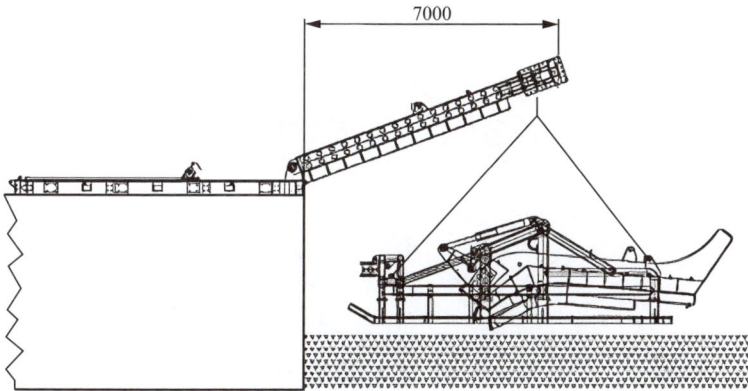

图 5-17　挖沟机起吊示意

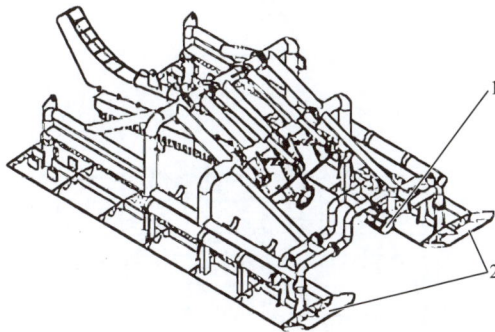

(a)

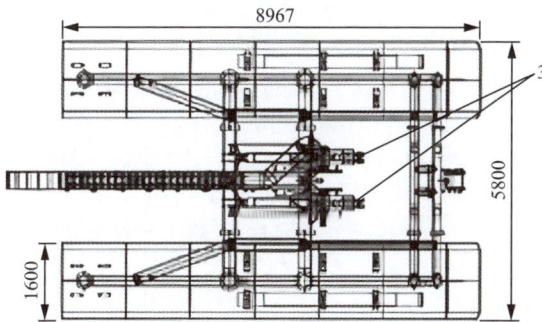

(b)

图 5-18　挖沟机结构图（一）

（a）轴测图；（b）俯视图

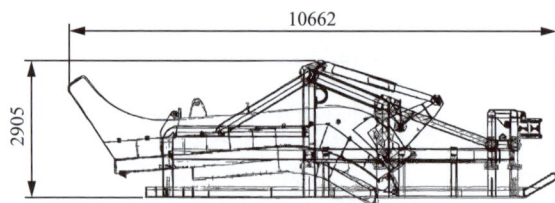

(c)

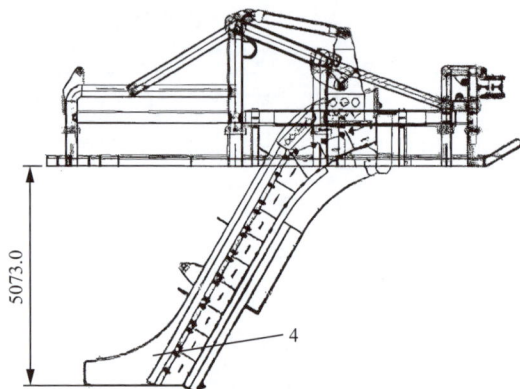

(d)

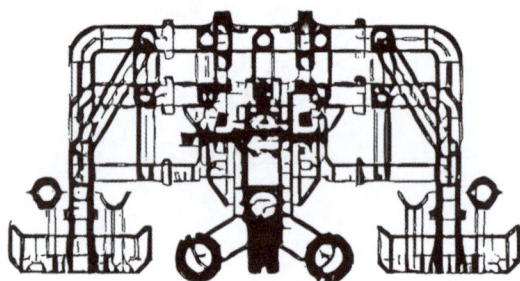

(e)

图 5-18　挖沟机结构图（二）

（c）主视图；（d）伸出的高压水刀犁；（e）后视图

1—水下姿态仪密封舱；2—防沉滑靴；3—液压缸；4—高压水刀犁体

设犁在海床面上平稳前行，每一个滑靴底部都加装防磨板；③电缆仓喇叭口，挖沟犁作业过程中，电缆仓前段设计成"喇叭"形状，以适应电缆随潮流摆动，喇叭口边缘及四壁安装有导轮，以减少电缆磨擦。

2. 液压系统

液压系统主要包括由一个电机和一个油泵组成的动力单元，以及控制阀块和液压缸组成的调整单元。液压部分的动力单元由三相电机和油泵组成。

油泵安装在电机的顶端，电机油泵单元固定在可由水面控制的水冷箱内，水冷箱内的水能通过箱底部的管线不间断地与海水循环，防止系统温度过高。液压缸安装在犁体主结构框架和高压水刀犁体之间，液压缸通过软管连接到控制阀块，再与动力单元连接。通过阀块控制液压缸行程以达到控制高压水刀犁体的目的，进而调节犁刀角度。

3. 埋设姿态监控系统

埋设犁姿态监控系统由两组双轴姿态仪系统、数据脐带缆、数据采集盒组成。监控系统通过总线和监控软件实时监控埋设犁及高压水刀犁体在水下的姿态和角度，确保海底电缆敷埋的质量及安全。

4. 高压泵阀系统

挖沟机在前进过程中通过高压泵将高压水通过管线输送到犁体水腔内，通过犁体前部的高压喷冲口喷出，以达到喷冲开沟目的。通过多级泵为埋设犁源源不断地提供高压水，高压喷冲口在犁体前端，随着埋设犁的前行，喷冲出一条 U 形沟，电缆通过犁体电缆仓随之下放至 U 形沟内。

二、国外埋设设备

（一）犁式挖沟机

国外采用敷埋同步施工工艺时，也常采用犁式挖沟机进行电缆的深埋。如 2008 年 6 月，在连接俄罗斯和日本的 RJCN 海底电缆网络的浅水区采用了海底电缆深埋的 PLOW-II 型挖沟机，见图 5-19，其技术参数见表 5-11。

图 5-19　PLOW-II 型挖沟机

表 5-11　PLOW-II 型埋设犁主要技术参数

行进方式	拖拽式
供电方式	水下供电
埋设深度（m）	0～4
工作水深（m）	0～200
作业方式	敷埋同步

PLOW-II 型挖沟机是由母船拖曳的特殊机器人，它通过脐带缆从母舰上

获得电力，操作人员根据埋设犁上静态相机和声呐上的数据从母舰上进行远程操作，调整埋设犁姿态，并监控埋设犁工作状态。埋设犁上的传感器和电缆接头盒均设有保护网，以保护它们免受捕鱼设备或大型船只锚的伤害。

当需要使用 PLOW-II 进行海底电缆敷埋同步操作时，PLOW-II 由母船的 A 型框架提起，并从舷外支出，投放至海水中，见图 5-20（a）。不使用时，将埋设犁存储在船尾，见图 5-20（b）。在浅水区域中，埋设犁通过垂直犁头和喷水器可以将海底电缆埋入沟槽中，以防止渔船和其他船只等活动造成的损坏。

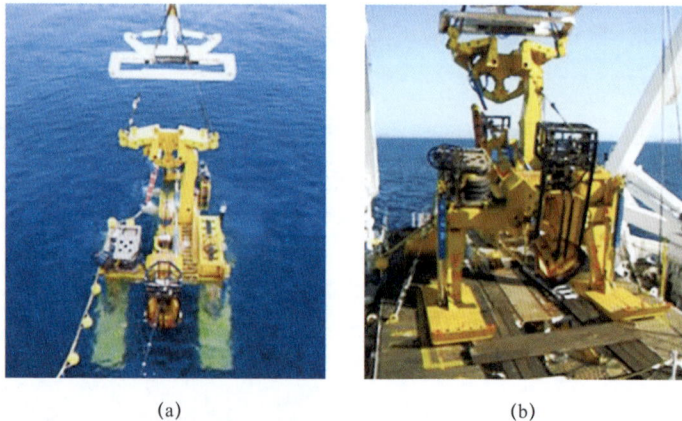

(a)　　　　　　　　　　　　(b)

图 5-20　PLOW-II 埋设犁工作状态

（a）投放状态；（b）存储状态

（二）浮游式挖沟机

国外海底电缆施工时，如果由于海底坡度较为陡峭、海床地质较差或其他原因无法使用埋设犁时，可使用浮游式挖沟机进行海底电缆的埋设施工或维护，如 MARCAS-V 型水下机器人（ROV），见图 5-21（a）。该型 ROV 通过脐带电缆与施工母船相连，当需要启用 MARCAS-V 进行相关作业时，ROV 由敷设船释放和回收系统提起，并放入水中，见图 5-21（b）。操作员在控制室中通过 MARCAS-V 的海底摄像机或声呐监视海底和海底电缆的状态，并操作手柄控制 MARCAS-V，见图 5-21（c）。

MARCAS-V 的主要技术参数见表 5-12。

从表 5-12 可以看出，MARCAS-V 的主要性能特点如下：

（1）可以潜到 3000m 的最大深度，并进行海底电缆的埋设和保护。

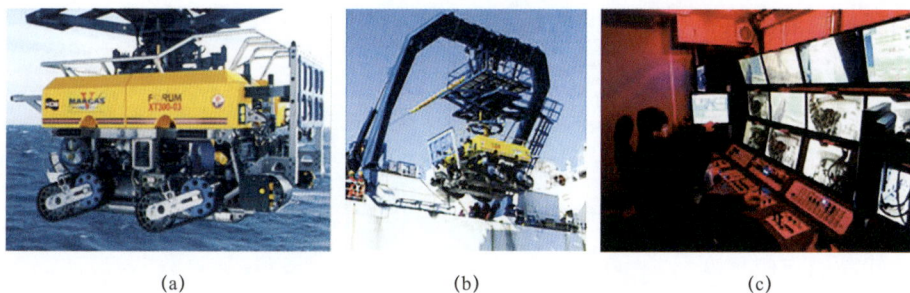

（a）　　　　　　　　　　（b）　　　　　　　　　　（c）

图 5-21　MARCAS-V 型 ROV 工作状态

（a）整机示意；（b）投放状态；（c）控制室

表 5-12　　　　　　　　　　**MARCAS-V 型 ROV 主要技术参数**

技术参数	参数值
最大工作深度（m）	3000
外形尺寸（m）	长度：4.5（模式 1）、5.4（模式 2） 高度：2.7 宽度：3.1
质量（kg）	8700（模式 1）、9300（模式 2）
车辆动力（马力，1 马力 =735.49875W）	300
最大掩埋深度（m）	2～3（取决于海床土壤状况）
脐带电缆长度（m）	3300（钢铠装脐带缆）

（2）海底电缆的埋设是通过水下机器人吸收大量海水，并将其喷射到海床上形成沟槽完成的。

（3）海底电缆的最大埋设深度为 2～3m。

（4）水下机器人采用自行式，行动灵活、可控。

（5）配备了最先进的导航系统，并可以根据工作区域和情况切换跟踪模式和滑行模式。

第三节　辅　助　系　统

一、海底电缆埋设导航定位系统

海底电缆埋设常用的导航定位系统是罗经定位系统。罗经定位系统一般采用一体化设计，内含主板、双全球定位系统（global positioning sustem，GPS）天线、DGPS 信标模块、电子陀螺、倾斜传感器等。整机需具有良好的防水性能，易于安装和维护，连接可靠，匹配常用的导航定位软件。罗经定位系统具有以下特点：

（1）双 12 通道的 GPS 接收机和全波段信标接收机，接收信标信号以保证离岸远距离时的定位和定向需要；

（2）内含电子陀螺和倾斜传感器，在卫星信号短时间中断情况下仍能保持较高的定向精度；

（3）快速的定位数据更新率，最高可达 20Hz；

（4）DGPS 定位精度小于 0.6m，定向精度小于 0.5°（方均根值）；

（5）俯仰精度小于 1°（方均根值），启动时间小于 60s，定向固定时间小于 20min；

（6）重捕获时间小于 1s。

操作系统界面如图 5-22 所示，软件应具有以下特点：可实时在线监测船只的移动轨迹，选择性记录轨迹保存数据，可预先设计路由；可设置工程化图幅、数据管理、向导式参数；可导入水深图形和数据，能连接所有 GPS 定位设备和测深仪；模块化设计，满足多种工程需求；直观图形导航窗口，偏航自动语音提示；丰富的智能计划线模型，可快速进行航道、区域、弧形等布线；可自定义编辑成果数据输出格式，方便各成图软件调用。

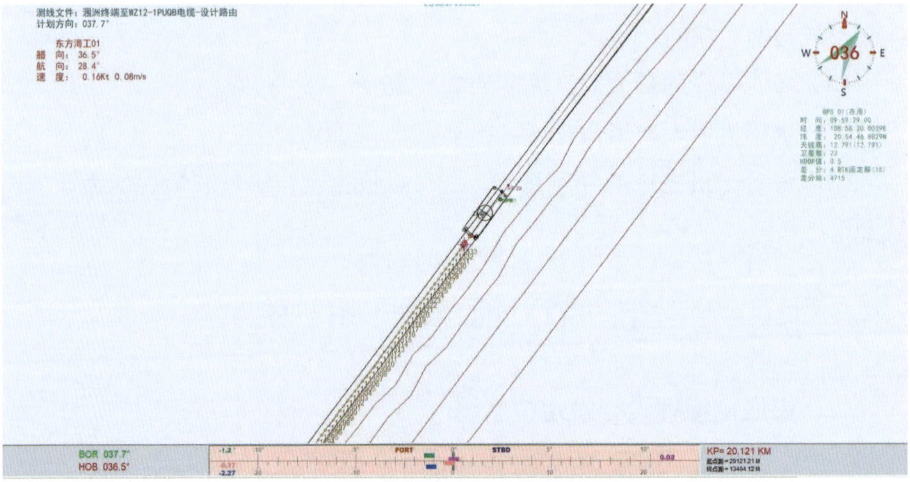

图 5-22　海底电缆埋设导航定位系统

二、埋深监测系统

海底电缆埋深监控系统宜采用 3D 系统（如图 5-23 所示）。监控软件包括数据显示、埋设犁姿态显示和路由显示三部分内容。数据显示部分主要完成实时数据采集、处理、存储、显示、打印等功能。埋设犁姿态显示部分主要完成埋设犁空间状态的数据采集与姿态显示，包括埋设犁的横倾角、纵倾角、接地状态、埋深、电缆张力等参数。路由显示部分主要显示埋设犁所经过的路径，并且在地图上标绘出来。

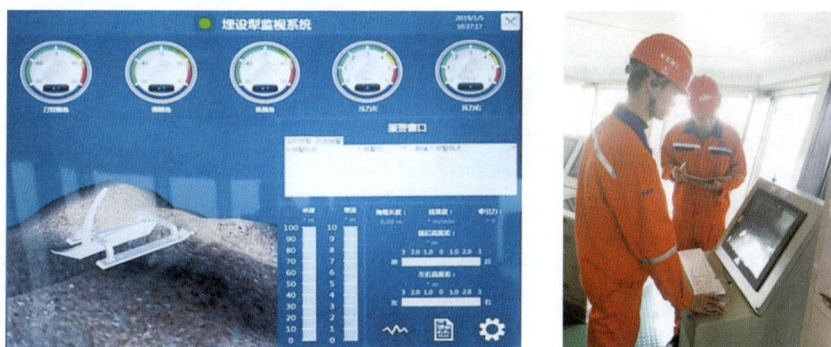

图 5-23 埋深监测系统

三、测深系统

实时获取埋设犁的作业深度是保障海底电缆施工的重要措施，作业深度由测深系统完成，一般采用高精度数字测深仪。数字测深仪为高端工控型测深仪，集水深测量、水深数据管理等功能，可将水深数据图形化展示，可回放和打印水深数据及水深图形；设备兼容性强，抗震、防水性能好。一般测量深度为 0.3m ～ 300m。测深系统界面如图 5-24 所示。

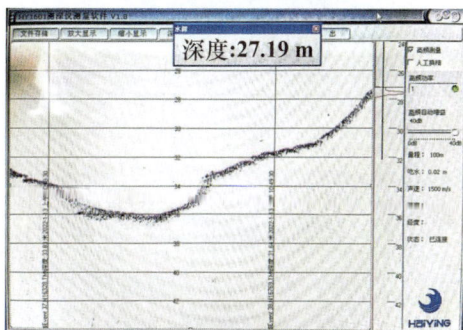

图 5-24 测深系统界面示例

第四节 其 他 设 备

一、多波束回声测深仪

多波束回声测深仪（multi beam echo sounder，MBES）是最常用的精确水深测量设备，它可以覆盖两条线之间的整个海底，见图5-25。

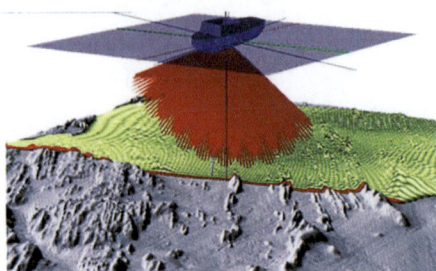

图5-25 多波束声线示意图

SeaBat7125多波束系统，包括声呐处理系统、发射/接收换能器、显示系统、PDS导航采集软件和Caris HIPS后处理软件，并配备电罗经、声速剖面仪和姿态传感器等，其主要技术指标见表5-13。SeaBat7125多波束系统可双频率采集，波束宽度0.5°（400kHz）或者1.0°（200kHz），该设备外接GPS接收机，实时记录水底曲线与水深数据，可随时回放。图5-26为多波束数据生成的三维效果图。

表5-13　　　　SeaBat7125多波束测深仪技术指标

设备照片	主要技术参数	
	发射功率	平均500W
	测深范围	0.0～500m
	分辨率	0.6cm

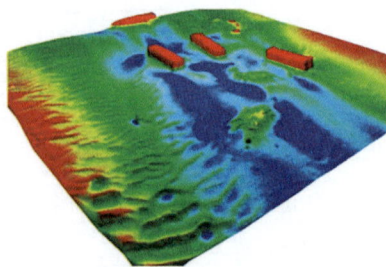

图5-26 多波束数据生成的三维效果图

二、侧扫声呐

海底电缆路由障碍物主要包括地貌、水下物体和水体三个部分。地貌包括沙带、沙川、断岩、沟槽及各种混合形成的地貌图像。水下物体包括沉船、礁石、电缆、水下障碍物及水下建筑物等。水体包括水中散体条纹、温度跃层、尾流块状、水中气泡等图像。侧扫描声呐是一种基于海床后向散射特性的声学系统。声波被海床反射回来的方式。高频声波（100k～1600kHz）以不同的入射角度发射。

中海达公司生产的 iSide5000 侧扫声呐主要技术性能指标见表 5-14。图 5-27 为 Side5000 侧扫声呐系统效果图。该侧扫声呐兼具低速和高速两种作业模式，低速模式为单波束双频侧扫，高速模式为高频多波束侧扫，可以在线切换。采用较为先进的动态聚焦技术，在大量程处也能对目标高分辨力成像，有效实现高速高分辨力全覆盖扫测。配置 SonarWiz.Map 5 后处理软件；工作时采用船侧悬挂作业方式，拖鱼入水深度约 2m；高低频侧扫单侧最大扫测宽度分别为 180m 和 600m。

表 5-14　　　　iSide5000 侧扫声呐系统主要技术指标

设备照片	主要技术参数	
	工作频率	高速：400kHz
		低速：100/400kHz
	脉冲信号	FM 线性调频 /CW
	量程	600m@100kHz
		180m@400kHz
	垂直航迹方向分辨	1.25cm
	沿航迹分辨率	10cm@50m 量程
	最大工作水深	2000m

图 5-27　iSide5000 侧扫声呐系统效果图

三、磁力梯度仪

海底电缆由铠装钢丝这种铁磁性材料包裹，当通电时将产生更大的附加磁场，磁场可理想化为一无限长载流导体产生的电磁场，其在周围空间产生的磁场符合比奥—萨伐尔定律，叠加在海底地磁背景场上，产生磁场异常，海底电缆产生的磁异常。只要获取高精度的区域海底磁场数据，利用海底电缆产生的磁场异常特性（即海底电缆磁场模型），就可对实际地磁场异常特征进行分析判断，对海底电缆进行识别和定位。

SeaSPY2 型海洋磁力梯度仪见图 5-28，其技术参数见表 5-15。SeaSpy 海洋磁力仪是加拿大 MarineMagnetics 公司研制的应用于海洋磁力勘察和磁力梯度调查的高精度磁力勘测设备，采用先进的 Overhause 磁力仪技术，其灵敏度和精度非常高，可以进行快速、准确和实时地进行二维梯度向量测量，无死区、无航向误差、无温度漂移，通过二维梯度向量可查找磁物体，并且不需要处理和纠正数据。该系统可应用于任何海洋环境下，从小型的渔船到海洋调查船上均可使用，既可应用于海洋环境调查，也可应用于各种特殊的调查，如长距离电缆和管道跟踪、UXO 和水雷探测、沉船或飞机探测及环境调查、海底考古、探测海底不明物、海底油气勘探和其他海洋研究项目。SeaSpy 海洋磁力仪是全数字化的，即所有测量过程均在拖鱼内完成，拖缆仅传输数字信号。图 5-29 为磁测等值线实际效果。

图 5-28　SeaSPY2 型海洋磁力梯度仪

表 5-15　　　　　　　　SeaSPY2 型海洋磁力梯度仪技术指标

设备照片	主要技术参数	
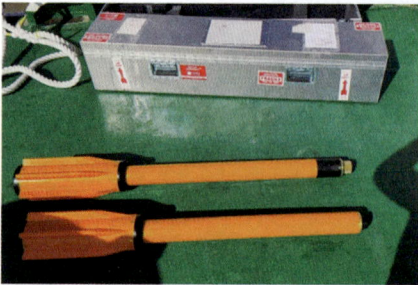	最高精度	0.2nT
	分辨率	0.001nT
	灵敏度	0.01nT
	能量消耗	1W ≤功耗≤ 3W
	工作温度	−40C ～ +60℃范围内数据精确性不受干扰

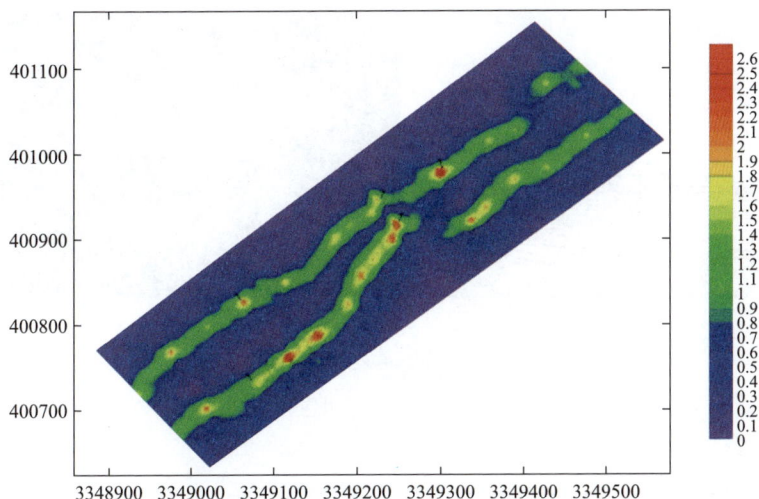

图 5-29　磁测等值线实际效果

四、浅地层剖面仪和海底电缆探测跟踪系统

埋深测量主要使用两种方法：①声学浅地层剖面测量；②电磁感应测量。声学浅地层剖面测量是利用声波在海底以下介质中的透射和反射，采用声学回波原理，获得海底 0 ～ 80m 浅层声学剖面的一种地球物理调查方法。电磁感应测量是探测海底电缆的工频电磁场，通过将海底电缆周边电磁场矢量化，解算其距离深度，具有精度高，不受海底电缆材料、外径的影响，是国际上海底电缆埋深检测的"金标准"。

德国 Innomar 公司生产的 SES2000standard 型浅地层剖面仪用于海底电缆探测，该仪器由甲板采集单元和水下换能器组成，其技术性能指标见表5-16，实际效果见图 5-30（a）。SES2000standard 型浅地层剖面仪体积小，便于船舷安装，操作简单。该系统采用了参量阵（非线性调频）信号处理技术，保证了数据的较好分辨率及穿透深度。

TSS 公司的 350 探测跟踪系统。该公司设计和生产的管线和电缆探测设备在海底管道、海底线缆铺设和铺后测量领域是通用设备标准。TSS350 探测跟踪系统利用音调跟踪技术确定水下掩埋或暴露的各种电缆；已知频率的音调信号由岸站加载到目标电缆，经编程控制搜寻承载音调的目标并在超过 10m 的量程外确定它的位置，其技术性能指标见表5-17，实际效果见图 5-30（b）。

(a)   (b)

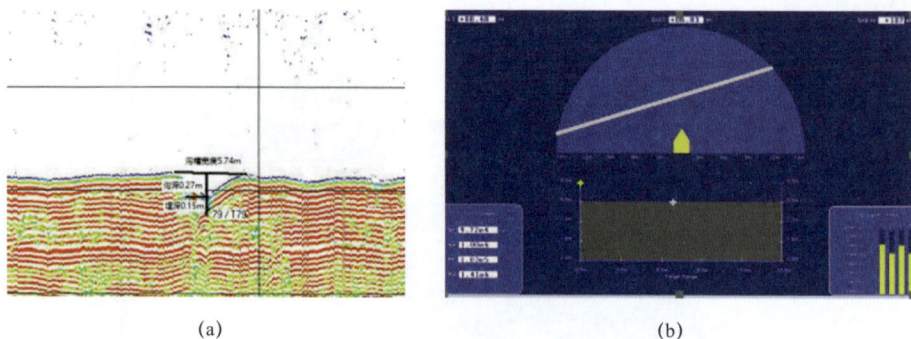

图 5-30 两种设备实际效果图

（a）浅地层剖面仪；（b）TSS 350 海底电缆探测系统

表 5-16   SES2000standard 型浅地层剖面仪主要技术指标

设备照片	主要技术参数	
	工作频率	主频：约 100kHz（频带：85k ～ 115kHz）
	差频	可选 4、5、6、8、10、15kHz
	水深范围	0.5 ～ 500m，穿透深度：最大 50m
	分辨率	1cm，最大 5cm

表 5-17   TSS350 海底电缆探测跟踪系统主要技术指标

设备照片	主要技术参数	
	探测距离	能够探测加载了调制交流信号的电缆距离，垂向可达 10m，能够在 4m 范围内精确到 5% 或者 5cm 的测距精度
	差频	5cm 或者 5% 的距离

第六章

海底电缆故障及事故案例分析

第一节　海底电缆故障情况概述

海底电缆故障风险是整个海上风电场风险评估中不可回避的问题，从海底电缆故障情况来看，可以将故障形成原因大致分为内部原因与外部原因。虽然，以往的运行经验得到的结论是海底电缆几乎没有自发的电气故障，这一方面可能是统计上的缺失，另一方面也可能是交联聚乙烯绝缘海底电缆投运年限不长，生产制造环节上的缺陷还未发展成故障。但海底电缆附件故障（如终端安装不当、接头未处理好等）或外力因素（锚害、暴力施工等）造成的损伤已是不可忽略的潜在威胁。

目前，欧洲海上风电集电线路系统电压等级普遍采用 66kV，我国 12MW 以上发电功率的风机也普遍采用该电压等级，下面将高压海底电缆（≥ 60kV）故障原因分为内部原因和外部原因进行探讨。

（一）内部原因导致故障

国际大电网会议曾公布一份关于"高压地下和海底电缆系统维修经验的更新"的技术文件，其中统计数据见图 6-1。

CIGRE TB379 中列出陆上交流电缆内部原因导致故障的统计数据，电缆回路故障次数为 0.03 次 /（年 · 100km），终端故障次数为 0.007 次 /（年 · 100 个），中间接头故障次数为 0.005 次 /（年 · 100 个）。该文件未能统计出交联聚乙烯绝缘海底交流电缆的故障次数。

上述故障次数的产生，海底电缆生产制造质量是内部故障的重要来源，来自于生产的各环节，包括三层共挤、绝缘厚度、杂质、脱气等各道工艺。

		XLPE CABLES (AC)			SCOF CABLES (AC)		
A. Failure Rate - Internal Origin Failures		60-219kV	220-500kV	ALL VOLTAGES	60-219kV	220-500kV	ALL VOLTAGES
Cable	Failure rate [fail./yr 100cct.km]	0.027	0.067	0.030	0.014	0.107	0.041
Joint	Failure rate [fail./yr 100 comp.]	0.005	0.026	0.005	0.002	0.010	0.004
Termination	Failure rate [fail./yr 100 comp.]	0.006	0.032	0.007	0.005	0.015	0.009
B. Failure Rate - External Origin Failures		60-219kV	220-500kV	ALL VOLTAGES	60-219kV	220-500kV	ALL VOLTAGES
Cable	Failure rate [fail./yr 100cct.km]	0.057	0.067	0.058	0.095	0.141	0.108
Joint	Failure rate [fail./yr 100 comp.]	0.002	0.022	0.003	0.002	0.004	0.002
Termination	Failure rate [fail./yr 100 comp.]	0.005	0.018	0.006	0.009	0.013	0.010
C. Failure Rate - All Failures		60-219kV	220-500kV	ALL VOLTAGES	60-219kV	220-500kV	ALL VOLTAGES
Cable	Failure rate [fail./yr 100cct.km]	0.085	0.133	0.088	0.109	0.248	0.149
Joint	Failure rate [fail./yr 100 comp.]	0.007	0.048	0.008	0.004	0.004	0.004
Termination	Failure rate [fail./yr 100 comp.]	0.011	0.050	0.013	0.014	0.028	0.019

		AC - HPOF cables			AC - SCOF cables			AC - XLPE cables			DC - MI cables			DC - SCOF cables		
A. Failure Rate - Internal Origin Failures		60-219kV	220-500kV	ALL VOLTAGES	60-219kV	220-500kV	ALL VOLTAGES	60-219kV	220-500kV	ALL VOLTAGES	60-219kV	220-500kV	ALL VOLTAGES	60-219kV	220-500kV	ALL VOLTAGES
Cable	Failure rate [fail./yr 100cct.km]	0.0000	0.0000	0.0000	0.0000	0.0000	0.0000	0.0000	NA	0.0000	0.0000	0.0000	0.0000	NA	0.0346	0.0346
B. Failure Rate - External Origin Failures or unknown		60-219kV	220-500kV	ALL VOLTAGES	60-219kV	220-500kV	ALL VOLTAGES	60-219kV	220-500kV	ALL VOLTAGES	60-219kV	220-500kV	ALL VOLTAGES	60-219kV	220-500kV	ALL VOLTAGES
Cable	Failure rate [fail./yr 100cct.km]	1.3183	0.0000	0.7954	0.1277	0.0738	0.1061	0.0705	NA	0.0705	0.1336	0.0996	0.1114	NA	0.0000	0.0000
C. Failure Rate - All Failures		60-219kV	220-500kV	ALL VOLTAGES	60-219kV	220-500kV	ALL VOLTAGES	60-219kV	220-500kV	ALL VOLTAGES	60-219kV	220-500kV	ALL VOLTAGES	60-219kV	220-500kV	ALL VOLTAGES
Cable	Failure rate [fail./yr 100cct.km]	1.3183	0.0000	0.7954	0.1277	0.0738	0.1061	0.0705	NA	0.0705	0.1336	0.0996	1	0.154		0.0346

图 6-1　统计数据

（二）外部原因导致故障

外部原因主要包括坠落物、紧急落锚或拖拽、渔业活动、海底电缆运输、敷设时的外部损伤等。据另一份 CIGRE 技术文件显示，外部原因引起的海底电缆故障在海底电缆总故障中占比近 80%。

1. 坠落物

在船只和风机或升压站之间进行吊运物品的过程中，考虑物品意外掉落坠海并损伤海底电缆。由于缺乏仅针对海上风电的事故统计数据，故采用欧洲海上油气工业的相关统计《1981—1992 年期间海上设施上起重机和提升设备发生严重坠落和摆动载荷事故数量和频率的调查》进行计算。

根据统计，1981 ～ 1992 年所有海上吊运物品的作业有 1777 次，其中发生与物品坠海相关严重事故 56 次，该项事故率为 3.15%。

2. 紧急落锚和落锚拖拽

考虑航行在风场区域内的船只在紧急情况下落锚或拖拽锚的发生概率（一般小于 10^{-6}），对于限制航行的风场区域可以忽略不计。但在航道上，这种风险是时刻存在的，而且是主要风险源，如 2023 年 2 月 21 日发生在广东汕头的某轮船落锚连续钩断 4 条国际海底光缆的锚害事故。

3. 渔业活动

考虑拖网捕鱼对浅敷海底电缆的损害，可通过预测渔具潜入海床的深度（0.1 ～ 0.3m），从而加深海底电缆敷设深度来避免影响；根据不同的海床底质，定置网捕鱼方式用的定置锚，其锚入深度可以达到近 2m。因此采取以下两种方式可以避免渔业活动对海底电缆的伤害：①海底电缆路由避开渔作区；②深埋海底电缆。

4. 海底电缆运输、敷设时的外部损伤

海底电缆运输、敷设过程中应采取适当防护措施，尽量避免其外部损伤，运输过程中要防止猛烈振动和尖锐物体的影响，过驳过程中要注意弯曲半径、纵向拉力、侧向压力的控制，敷设过程中也要密切注意缠绕、猛烈振动、弯曲半径、纵向接力、侧向压力的控制。

（三）集电线路海底电缆故障损失分析

当集电线路海底电缆故障发生后，海底电缆维修所带来的发电量损失以可利用率系数的形式体现在风场实际发电量计算中。可利用率系数的计算如下。

故障维修时长估算：需考虑海底电缆故障发生后，从诊断、故障定位、维修到最后复位的全过程时间估算。表 6-1 以欧洲某海上风电场的预测为例，理想状况下需要 66 天。

表 6-1　　　　　　　　　　　欧洲某海上风电场的预测

		作业海况有效波高（m）	理想天数（连续施工）	气象窗口时长（天）
	故障报警（海底电缆中段）		0	
大型工作船租赁	动员测试团队		3	
	测试海底电缆	1.5	3	1
	动员勘察团队		3	
	勘察区域	1.5	3	1
	分析勘察		2	
	调动 Rotech 公司设备		7	
	挖沟作业		3	
	大型工作船租赁总计用时		24	

续表

		作业海况有效波高（m）	理想天数（连续施工）	气象窗口时长（天）
海底电缆维修船租赁	动员维修队伍		15	
	开始架设并切断海底电缆	1.5	3	1
	用浮标标记海底电缆末端	1.5	3	1
	第 1 个接头	1.5	7	7
	第 2 个接头	1.5	7	7
	铺设海底电缆	1.5	2	1
	测试风机处电缆	1.5	2	1
	重连海底电缆系统并进行最终测试	1.5	3	1
	海底电缆维修船租赁总计用时		42	
总计（天数）			66	

发电量损失估算：考虑故障发生原因及位置的所有可能场景，计算发生导致 $1 \sim n$ 台风机无法发电的电量损失及其概率。

（四）算例

假设某海上风电场总装机容量 300MW，年均等效利用小时数 3300h，配置 50 台 6MW 风机，集电线路采用 35kV 普通链式结构，每 $4 \sim 5$ 台风机组成一组风机组串，共 12 组，海底电缆总长度为 75km。

内部原因导致故障次数（不考虑设电缆中间接头）为 0.03 次 / 年 $\times$75km/100km+0.007 次 / 年 $\times$（50 回 $\times$6 个终端 / 回）/（100 个终端）= 0.0435 次 / 年。

外部原因导致故障率次数：假设对海上升压平台的吊运物品作业次数为 6 次 / 年，吊运路径经过集电线路海底电缆上方的概率为 1/10。则可计算得到海上升压平台的吊运物品坠海事故发生并导致海底电缆的次数为 0.0315$\times$6 次 / 年 $\times$0.1=0.0189 次 / 年。

对风机相关的设备运输作业，考虑采用专用登陆设备时，可不考虑因吊运而发生的事故。

故障维修时长估算：为保守考虑，取 90 天维修时间。

发电量损失估算：故障导致 1 台风机停机 90 天所损失的发电量为 4882.2MWh，每段海底电缆内部按等概率考虑，不考虑同时发生 2 段以上海底电缆故障。

综合以上海底电缆事故发生率和每次发生事故造成的发电损失，因海底电缆故障导致的发电量损失可估算为 936.66MWh/ 年，占风场总发电量的 0.095%。

第二节　海底电缆事故案例

海底电缆故障原因可以分为外部因素和内部因素。外部因素造成的故障主要包括船锚造成的故障、渔具造成的故障、螺旋桨割伤、敷设过程中的故障、资源开采损伤、航道疏浚损伤和其他外部冲撞等因素造成的故障，内部因素造成的故障主要包括绝缘受潮、绝缘老化、过电压、过热、局部放电、产品质量缺陷等因素造成的故障。

根据海底电缆改进小组的数据（见图 6-2），外部因素（如渔具、船锚等）导致的故障是海底电缆的主要故障类型。通过将海底电缆埋设在海床底部，可以有效防止渔具对海底电缆造成损坏，但仍难以避免海底电缆遭受锚害。根据测算，如果海床底质偏软，重 30t 的船锚最深可以穿透海底达 5m。图 6-3 展示了外部因素导致的海底电缆故障与海水深度的关系。由图 6-3 可知，大部分海底电缆故障发生在水深 300m 以浅的海域。只有约 20% 的海底电缆故障发生在水深大于 1000m 的海域。2010 ～ 2015 年随着新敷设海底电缆得到深埋，在水深小于 200m 的海域海底电缆故障率有明显的降低。

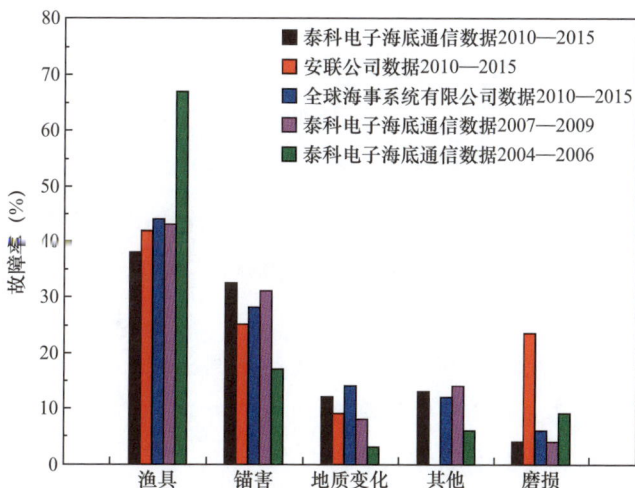

图 6-2　外部因素导致的海底电缆故障

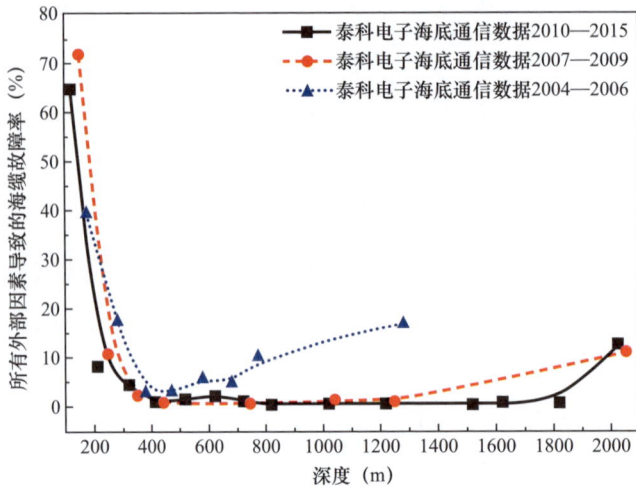

图 6-3　外部因素导致的海底电缆故障与水深的关系

　　尽管海底电缆故障的主要原因是捕鱼活动和船舶锚害，但还有小部分海底电缆故障是由其他原因引起的。例如，西班牙加那利群岛早期曾因海底电缆被鲨鱼撕咬频繁发生停电事故；1973 年，冰岛的赫马岛火山爆发导致当地海底电缆发生故障；2002 年 3 月 16 日，尼尔斯—霍尔格森渡船因断电搁浅，船龙骨压坏了波罗的海的 450kV 高压直流海底电缆。

　　海底电缆接头和终端是海底电缆系统的重要组成部分，它们采用了复杂的绝缘结构设计，但目前还没有足够的数据可以量化海底电缆附件的故障率。

　　我国以浙江省为例，浙江海域的海底电缆在 2005-2011 年的 7 年时间里共发生海底电缆故障 259 次。其中，海事活动带来的外力破坏故障有 246 回次，故障率占比 94.98%；海底电缆老化故障 5 回次，故障率占比 1.93%；基岩磨损故障 4 回次，故障率占比 1.54%；施工质量故障 3 回次，故障率占比 1.16%；雷击故障 1 回次，故障率占比 0.39%。可见，由海事活动引起的外力破坏是产生海底电缆故障的主要原因。

　　以下简要列举几例典型的海底电缆事故案例。

（一）外部因素造成海底电缆事故

1. 海底电缆锚害致岛屿停电事故

受热带风暴影响，某海域外洋风力增强。部分万吨船舶停泊该海域避风，其间船锚钩断海底电缆，直接造成某电网直流输电双极海底电缆故障，导致某岛屿全线停电，对岛屿居民正常生活造成较大影响。

2. 25kV 海底电缆被挖断事故

承包商在执行台湾某码头航道清淤工作时，不慎将海底电缆挖断，造成某岛 620 户全部停电。事故发生后，承包商从码头航道中拉出 4 条海底电缆，共 8 个接头，于当日 18 点顺利接上，并于第 2 天上午 9 点完成耐压测试，总维修费用约 300 万元新台币。

3. 110kV 海底电缆锚害事故

（1）某货轮装载 16000t 黄砂从锚地开往浙江某地途中，在浙江某海域因主机突发故障失去动力临时抛双锚，在潮流作用下导致船锚触碰海底电缆，造成 2 根海底电缆受损。

经调查，认为事故的主要原因是船长在未对周边环境进行全面的观测下仓促下锚；事故的另一原因是船舶抛锚后，在潮流作用下，船位出现大幅偏荡导致船锚触碰海底电缆。

（2）某货轮装载 7000t 柴油驶往浙江某码头途中，在浙江某海域因操作失误，致使右锚触碰海底电缆。事故造成 1 根海底电缆损坏。

经调查，认为事故原因之一是该货轮在航行过程中离岸线距离过近，致使其右侧可操作水域严重受限；事故另一原因是船长在禁锚区内挂右锚半节入水航行。

4. 35kV 海底电缆锚害事故

海南某区发生停电事故。经调查，发现某货轮在抛锚至起锚期间，锚位在禁锚区内；船舶在抛起锚过程中，船锚划过海底电缆所在位置；受大风天气影响，船锚钩挂海底电缆致使船只绞锚困难，致使船只动车绞锚，拖曳海底电缆，导致海底电缆断裂。事故发生后，地方法院判决该轮船东赔偿海南电网电力设施维护费用 202.77 万元。

5. 海上风电项目 220kV 线路海底电缆锚害事故

某海上风电项目海上升压站开关跳闸，风电机组受累停运。事故发生后，电网运维单位立刻组织开展事故抢修，先后确定了海底电缆故障点坐标，完成了备用海底电缆敷设、海底电缆接头制作，后恢复正常运行。本次事故抢修费用合计 1898.1 万元，事故导致 80 台风电机组停运 107 天，损失电量约 20000 万 kWh。

经调查，认为事故原因是台风"烟花"登陆前夕，该海域内施工船舶集中避风，船舶抛锚定位过程中伤及海底电缆外被层及钢铠，导致 B 相海底电缆绝缘受损击穿。故障时刻 220kV I 段母线 B 相电压波形如图 6-4 所示。

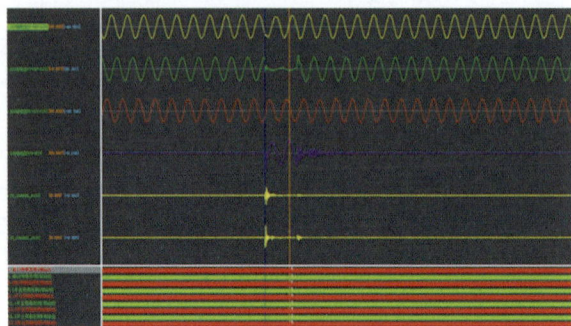

图 6-4　故障时刻 220kV I 段母线 B 相电压波形

6. 110kV 海底电缆外部磨损事故

浙江某 110kV 123 线海底电缆跳闸。调查雷电定位系统，123 线跳闸时刻线路通道内无雷电活动。调查 AIS 海底电缆综合监控系统，123 线跳闸时刻，123 线海底电缆路由保护区内无船只停泊或经过。线路特巡后发现 123 线架空线部分无故障。经过电缆测试，发现 123 线 9～20 号海底电缆 B 相故障。

对故障海底电缆进行打捞，发现 123 线 19～20 号海底电缆 B 相磨损严重（如图 6-5 所示），认为事故原因是海底电缆在潮流等作用下发生位移，与礁石摩擦造成外绝缘磨损，导致海底电缆对地放电，最终引起线路跳闸。

图 6-5　123 线 B 相海底电缆保护层和外绝缘磨损严重

（二）内部原因导致海底电缆事故

1. 海上油田 35kV 海底电缆主绝缘破坏事故

某海上油田 A 平台主开关间 35kV 高压 TV 柜综合报警响铃，高压 TV 柜综保 P921 三相电压显示为 35.7/1.59/36.11kV，相位角显示为 163°/100°/97°，A 平台及 B 平台 35kV 高压盘带电显示模块 B 相指示灯熄灭。

根据故障现象，初步判断电源 B 相故障，进一步对海底电缆 B 相进行绝缘测试，发现海底电缆 B 相对地无绝缘，最终确认故障为 35kV 海底电缆 B 相发生单相接地。海底电缆 B 相故障段如图 6-6 所示。

图 6-6　海底电缆 B 相故障段

从打捞的故障段海底电缆外观发现，海底电缆没有受到外力伤害。对故障海底电缆进行检测，发现故障海底电缆铅护套最薄厚度只有 1.75mm，小于该海底电缆最小要求厚度 1.895mm，其他技术参数均符合相关规范。同时，调查还发现该 35kV 海底电缆接地系统的电容电流计算方法及接地设备的选择存在缺陷。

综合判断，事故原因极有可能是外伤（虽然海底电缆表面没有明显划痕）、腐蚀及铅护套偏薄等多种因素造成海底电缆主绝缘破坏。

2. 110kV 海底电缆内部击穿事故

2019 年，浙江海域某 110kV 海底电缆线路跳闸。经故障测距，发现是该线路 C 相海底电缆故障，运行记录显示故障时天气为小雨，跳闸时 AIS 海底电缆综合监控平台显示该海底电缆保护区范围内无船只通过或停泊，因此排除了船舶锚害。

打捞后发现故障段海底电缆无明显弯曲，外表面无明显外力损伤痕迹，基本排除海底电缆遭受外力破坏的可能性。海底电缆外表面可见直径约 3cm 的径向击穿孔，钢丝铠装层有多处烧融（其中一根钢丝烧融段长 6cm）。剥开铅护套后发现铅护套内侧有直径约 12cm 的圆形放电痕迹，圆心位置为击穿点，剥去阻水带后，海底电缆主绝缘可见直径约 1cm 的径向击穿孔（如图 6-7 所示）。

图 6-7　海底电缆故障解剖

经讨论分析，判定击穿的原因是该段海底电缆在运输、装船或敷设过程中遭受外力损伤，导致铅套出现细小裂纹、半导电层损伤使电场畸变，长期水树枝发展成局部放电，乃至最终击穿。

3. 海上风电项目 220kV 线路海底电缆绝缘击穿事故

某海上风电项目某线路保护动作，线路开关跳闸，导致海上升压站失电。经调查，发现海上升压站 GIS 室 220kV 海底电缆进线 B 相铅护套接地结构处有焦糊现象，外部破损。运维人员结合保护 B 相单相接地的波形初步判断事故为 220kV 海底电缆接地处结构附近电缆主绝缘击穿，故障相示意图如图 6-8 所示。由图可见，破损部位为 B 相接地结构接地线鼻压接部位，主绝缘击穿点正位于该处下部。

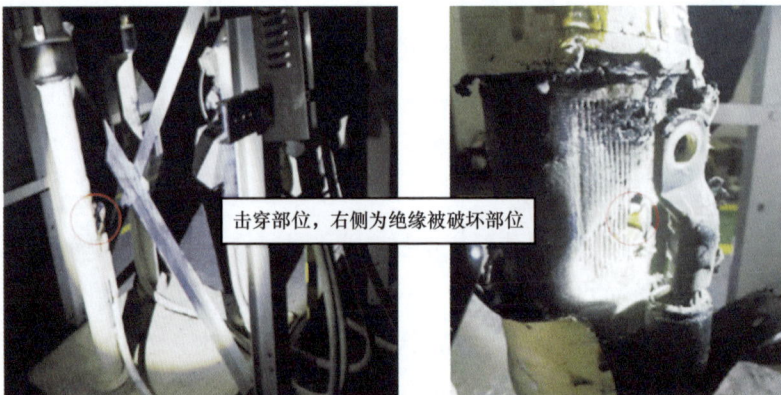

击穿部位，右侧为绝缘被破坏部位

图 6-8　故障相示意图

经调查，认为事故原因是由于单芯海底电缆铅护套感应接地电流过大，尤其是海上一侧的铠装与铅护套接地电流差异巨大，接地电流主要集中于铅护套一侧入地，过大的电流在入地回路接触电阻较大的部分造成持续发热导致绝缘击穿。

调研近几年海上风电项目配套送出 220kV 海底电缆故障情况，结果如表 6-2 所示。

表 6-2　　近几年海上风电项目配套送出 220kV 海底电缆故障情况

序号	故障海底电缆型号与长度	故障原因	抢修周期	目前采取的保护措施
1	3×500² 截面，总长 36km	恶劣天气影响（断缆）	11 天	电子海图、海事备案、AIS 警示线
2	3×400² 截面，总长 41km	锚害	52 天	
3	3×500² 截面，总长 39km	锚害	30 天	
4	3×630² 截面，总长 41km	锚害	15 天	
5	3×500² 截面，总长 16km	锚害	20 天	
6	3×500² 截面，总长 35km	锚害	12 天	
7	3×500² 截面，总长 52km	锚害	30 天	电子围栏
8	3×500² 截面，总长 78km	锚害	20 天	加强巡逻艇巡逻、海底电缆在线监测、派人关注 AIS 海图动态、海事备案
9	3×500² 截面，总长 78km	锚害	30 天	
10	3×500² 截面，总长 76.5km	锚害	35 天	加强巡逻艇巡逻、派人关注 AIS 动态
11	3×630² 截面，总长 88.5km	锚害	19 天	
12	3×500² 截面，总长 137.4km	锚害（未通电）	90 天	电子围栏
13	3×500² 截面，总长 53.5km	施工船走锚	7 天	海底电缆监测系统、AIS 警示、电子围栏、海事备案
14	3×500² 截面，总长 53.5km	锚害	20 天	
15	3×500² 截面，总长 34km	天气原因（断缆）	15 天	电子海图、海事备案、AIS 警示线
16	3×500² 截面，总长 39km	锚害	45 天	
17	3×1000² 截面，总长 22km	终端故障	25 天	

附录 A

中心夹具式海底电缆保护系统安装

按设计要求，对风机 J 管入口安装中心夹具及弯曲限位器进行保护，如图 A-1 所示。J 管中心夹具及弯曲限制器应结构简单、安装方便，且全部采用哈弗对卡结构，装配安装过程应全部在船上完成，安装完毕后，J 管中心夹具能够抱紧电缆。

首先锚艇在已敷设好的海底电缆上方开四锚固定好船位，再将电缆打捞至锚艇甲板上，完成弯曲限位器的安装工作；船上施工人员做好上下联系及材料、工具的供应工作。

图 A-1 弯曲限制器及中心夹具

一、中心夹具及弯曲限制器安装方案

中心夹具应用于海上平台 J 形管下端口，如图 A-2 所示，其内外径尺寸依据海底电缆直径和 J 形管外径设定，如图 A-3 所示，采用高强度、耐海水腐蚀材料。主要用于 J 形管喇叭口，将海底电缆、海管固定在 J 形管中心位置，防止海底电缆因海浪冲击而摩擦碰撞管壁，防止平台基座处海底电缆被海浪冲刷而形成海底电缆悬空受力，充分保护海底电缆。

176

图 A-2　中心夹具安装

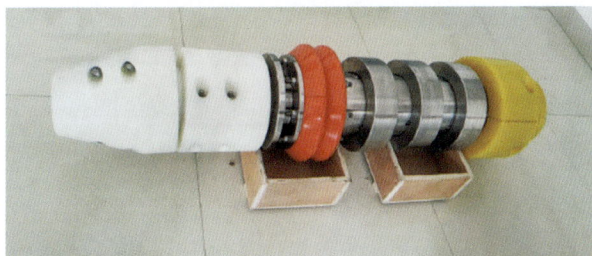

图 A-3　J 形管中心夹具

中心夹具下端要求配合弯曲限制器，弯曲限制器的尺寸依据海底电缆直径设定，如图 A-4 所示，防止海底电缆过度弯曲。弯曲限制器采用具有高硬度、高强度、耐海水腐蚀特性的高性能聚氨酯材料，采用哈弗式模块化结构设计，具备一定的柔韧性，可适应海洋环境，根据要求可任意增加管节数量，单套弯曲限制器长度不小于 8m，并满足海底电缆最小弯曲半径的要求。

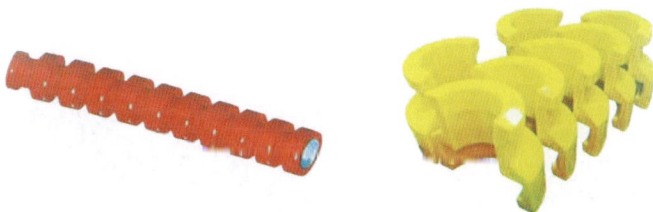

图 A-4　海底电缆专用限弯保护器

二、中心夹具式海底电缆保护系统安装步骤

（1）根据 J 形管的结构及长度，计算确定中心夹具在海底电缆上的安装

位置。

（2）将内六角螺栓和配套平垫圈事先分别插入夹持端头左右两侧的安装孔内，如图 A-5（a）所示。

（3）将夹持端头安装到海底电缆的指定位置上，并锁紧螺母，如图 A-5（b）所示。

（4）将剩余的 4 套内六角螺栓和配套的平垫圈分别插入夹持端头的安装孔内，如图 A-5（c）所示。

（5）将 2 个半圆密封块载体装入 8 套内六角螺栓处，然后将 4 个半圆密封块、4 个半圆隔板及 8 个六角螺母装入密封块载体，注意须确保各个部件的平面分别相互垂直，如图 A-5（d）～图 A-5（g）所示。

（6）通过 2 个内六角螺栓及配套平垫圈、弹簧垫圈将 2 个半圆形的连接体相互锁紧，并将其安装到密封块载体后部，并用 8 个锁紧螺母及配套的平垫圈和弹簧垫圈锁紧，如图 A-5（h）～图 A-5（j）所示。

（7）为确保连接的可靠性，在密封块载体和连接体之间再锁紧 4 个内六角螺栓及配套的平垫圈和弹簧垫圈，如图 A-5（k）所示。

（8）通过 4 个内六角螺栓及配套的平垫圈、弹簧垫圈将 2 个半圆形的连接体相互锁紧，并将其安装到密封块载体后部，并用 8 个内六角螺栓及配套的平垫圈、弹簧垫圈，通过锁紧螺母及配套的平垫圈锁紧限弯器接头，如图 A-5（l）～图 A-5（m）所示。

（9）调节隔板后部 8 个六角螺母位置，将密封块固定到合适位置，整个装配体完成，如图 A-5（n）所示。

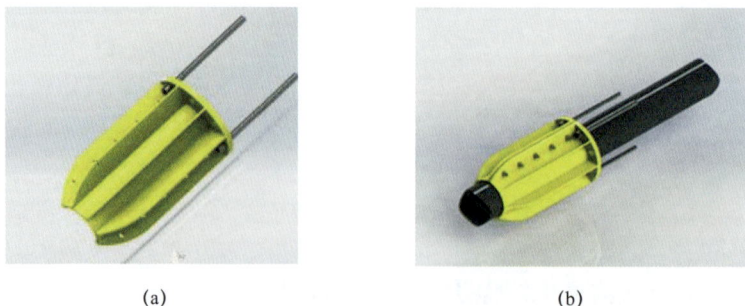

(a)   (b)

图 A-5　中心夹具式海底电缆保护系统安装示意图（一）
（a）紧固螺栓插入夹持端头；（b）安装夹持端头至电缆

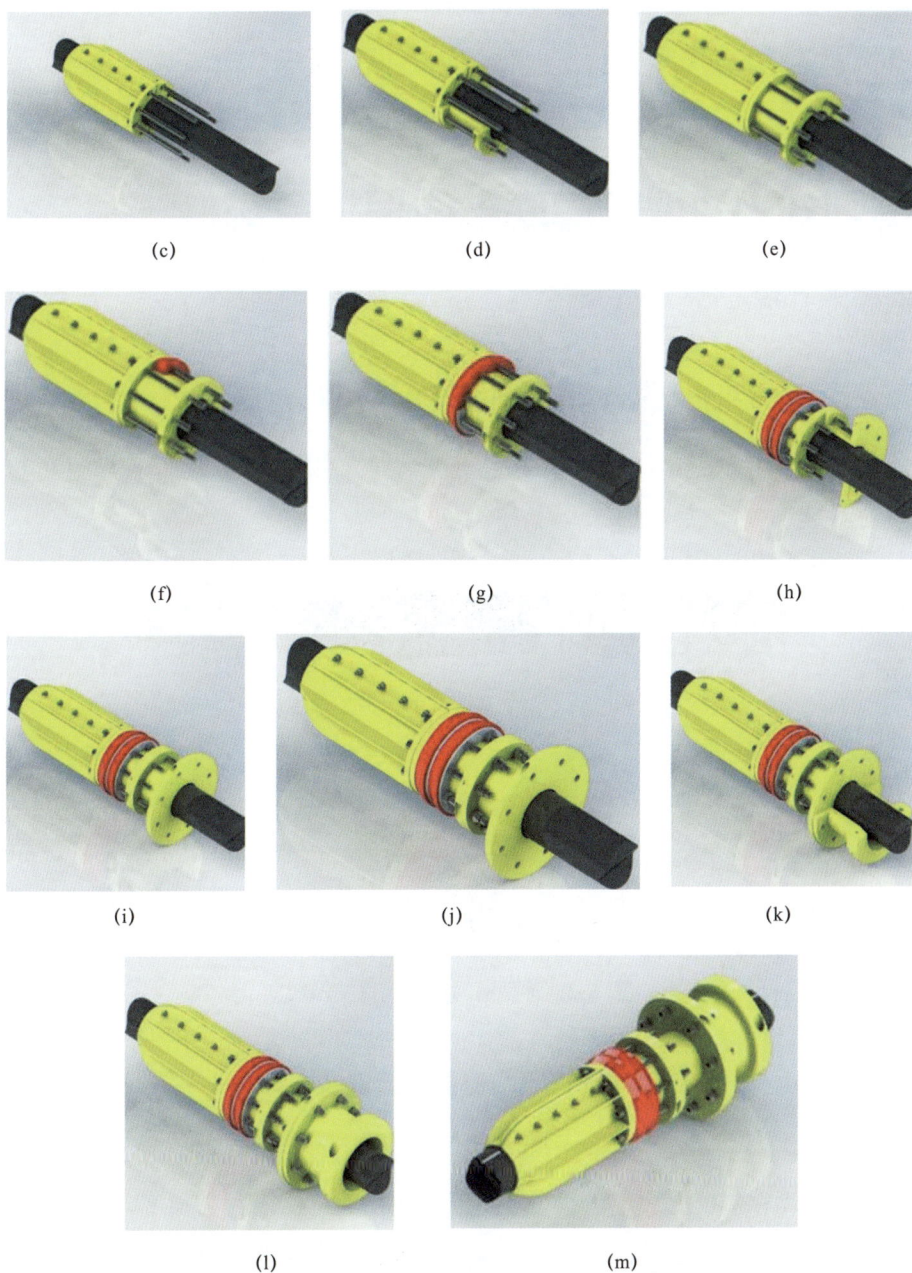

图 A-5 中心夹具式海底电缆保护系统安装示意图（二）

（c）安装其余螺栓；（d）安装半圆型连接体步骤 1；（e）安装半圆型连接体步骤 2；
（f）安装半圆型连接体步骤 3；（g）安装半圆型连接体步骤 4；（h）固定密封块步骤 1
（i）安装密封块步骤 2；（j）安装弹簧垫圈；（k）安装限弯器接头步骤 1；
（l）安装限弯器接头步骤 2；（m）中心夹具装配完成

附录 B

倒刺式/钟型嘴海底电缆保护系统

一、倒刺式/钟型嘴海底电缆保护系统结构

倒刺式海底电缆保护系统结构、钟型嘴海底电缆保护系统结构见图 B-1、图 B-2。

图 B-1 倒刺式海底电缆保护系统

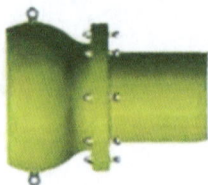

图 B-2 钟型嘴海底电缆保护系统

二、倒刺式/钟型嘴海底电缆保护系统安装方案

倒刺式/钟型嘴海底电缆保护系统应安装在海上升压站 J 形管下端口，其内外径尺寸依据海底电缆直径和 J 形管外径设定，采用高强度、耐海水腐蚀材料。主要用于 J 形管喇叭口将海底电缆固定在 J 形管中心位置，防止海底电缆与管壁发生因海浪冲击摩擦碰撞、海底电缆敷设处被海浪冲刷而形成海底电缆悬空受力的情况，充分保护海底电缆。图 B-3 为倒刺式/钟型嘴海底电缆保护系统装配示意图。

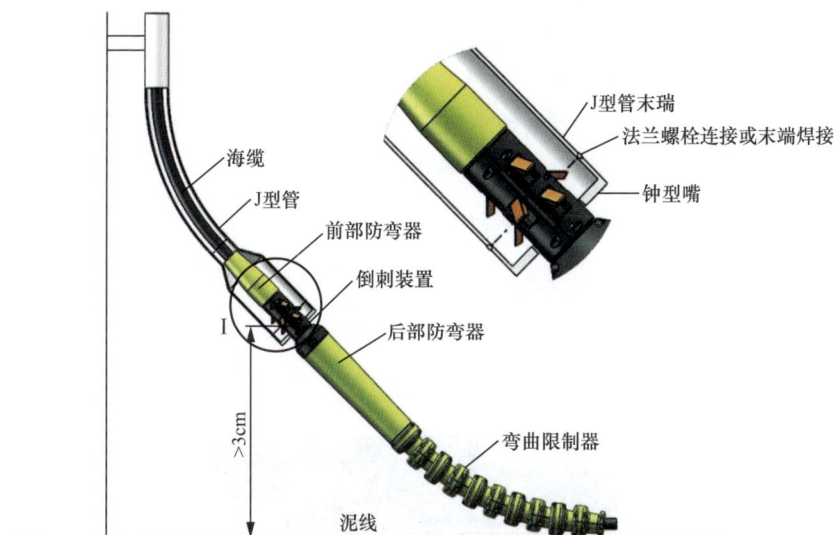

图 B-3　倒刺式／钟型嘴海底电缆保护系统装配示意图

三、倒刺式／钟型嘴海底电缆保护系统安装步骤

（1）抬起海底电缆穿孔保护装置，将其放置到电缆传送轨道上，如图 B-4（a）所示。

（2）将海底电缆拉入海底电缆穿孔保护装置，直到可见电缆端部，如图 B-4（b）所示。

（3）将牵引装置后部与电缆的前部连接起来，如图 B-4（c）所示。

（4）将电缆向后拉，直到牵引装置安全地固定在海底电缆穿孔保护装置的前部，然后将海底电缆穿孔保护装置与牵引装置通过弱连接方式连接起来，如图 B-4（d）所示。

（5）将风机基础的主要牵引钢丝绳与牵引装置的前部连接起来，如图 B-4（e）所示。

（6）将配套的弯曲限制器逐一安装到海底电缆穿孔保护装置后部。安装完毕后，海底电缆穿孔保护装置和电缆已准备好可进入风机基础，如图 B-4（f）所示。

（7）将海底电缆穿孔保护装置系统拉入水中，如图 B-4（g）所示。

（8）控制布缆船与风机基础间的拉力，以形成电缆悬链，使用水下机器人监控，保持电缆不触碰海床，如图 B-4（h）所示。

（9）继续拉入，直到海底电缆穿孔保护装置完全进入并固定在风机基础底部的孔内，将风机基础上绞磨机的张力去除，从布缆船上放松电缆，使海底电缆穿孔保护装置完全放松地放置在海床上，如图 B-4（i）所示。

（10）重新施加风机基础上绞磨机的张力（仅此张力），直至张力超过3.5t，并且"弱连接"破断，使牵引装置和电缆与海底电缆穿孔保护装置不再处于相互固定状。继续向上拉直到牵引装置到达风机基础的顶部，放开电缆并将牵引装置放回布缆船，为下一次布缆做准备，如图 B-4（j）所示。

（11）按要求完成海底电缆敷设，如图 B-4（k）所示。

(a)

(b)

图 B-4　倒刺式 / 钟型嘴海底电缆保护系统安装示意图（一）

（a）将保护装置放入轨道；（b）使电缆进入保护装置

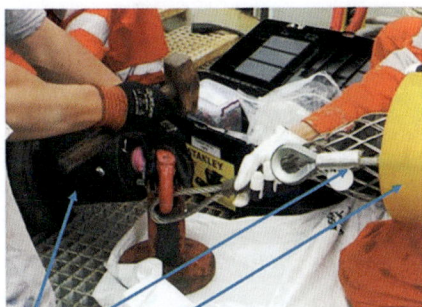

(c)

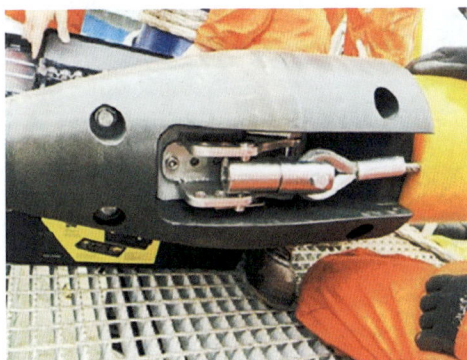

(d)

(e)

(f)

图 B-4 倒刺式／钟型嘴海底电缆保护系统安装示意图（二）

（c）连接牵引头与电缆端部；（d）连接牵引头与电缆穿孔保护装置；
（e）连接牵引绳至牵引头；（f）安装弯曲限制器至穿孔保护器的后部；

183

(g)

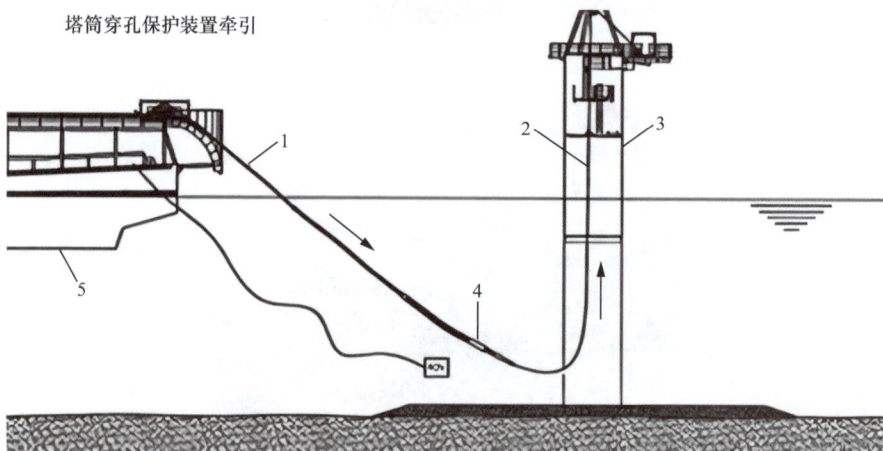

塔筒穿孔保护装置牵引

(h)

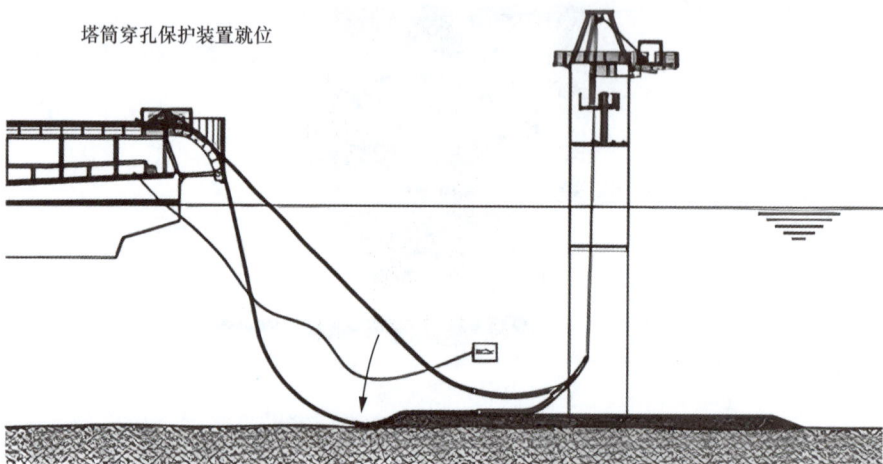

塔筒穿孔保护装置就位

(i)

图 B-4 倒刺式／钟型嘴海底电缆保护系统安装示意图（三）

（g）电缆穿孔保护装置牵引入水；（h）电缆进入平台示意（i）去除桩基底部牵引力，
使电缆穿孔保护装置平躺于海床

海缆牵引

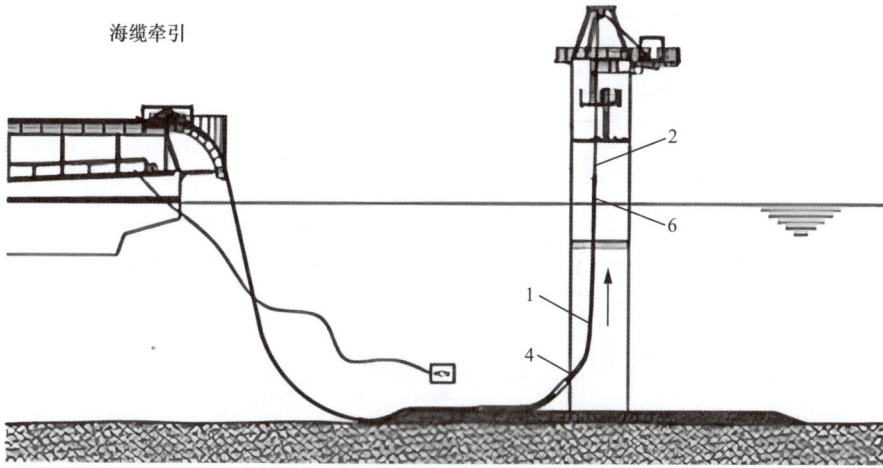

(j)

海缆数设

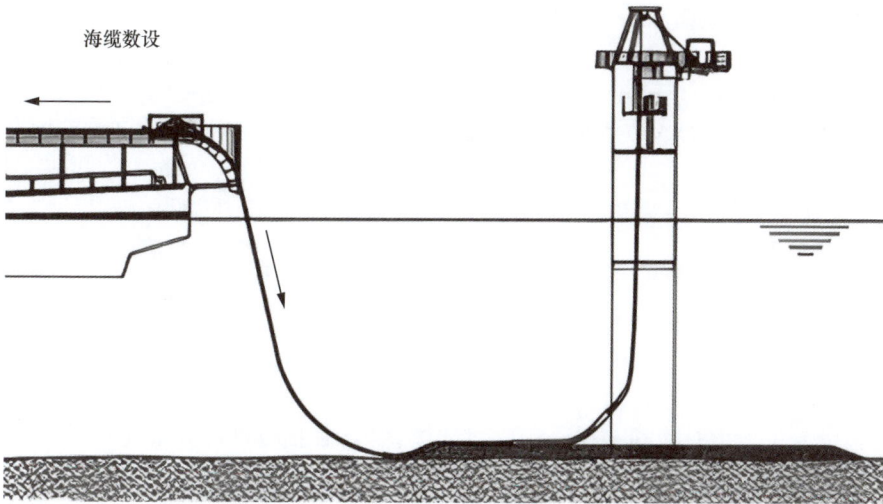

(k)

图 B-4 倒刺式／钟型嘴海底电缆保护系统安装示意图（四）

（j）从平台上实施牵引，使电缆到达终端平台；（k）完成海底电缆保护系统安装

1—海底电缆；2—牵引钢丝绳；3—塔筒；4—塔筒穿孔保护装置；5—布缆船；6—牵引网套

参 考 文 献

[1] Myers, C. S. , & Maibauer, A. E. . (1945). Iii. polyethylene as cable insulation[J]. Electrical Engineering, 64(12), 916-918.

[2] Iwata, Z. , Fukuda, T. , & Kikuchi, K. . (2016). Deterioration of cross-linked polyethylene due to water treeing[J]. Conference on Electrical Insulation & Dielectric Phenomena - Annual Report 1972. IEEE.

[3] 万树德 . 柏林城网改造和超高压 XLPE 电缆线路预鉴定试验 [J]. 电线电缆，1999（3）：15-19.

[4] 刘景晖，万振东，李飞科 . 大规模海上风电场集群交直流输电方式的等价距离研究 [J]. 电力勘测设计，2020（4），1-5.

[5] （德）沃泽克（Worzyk, T.）著；应启良，徐晓峰，孙建生 译 . 海底电力电缆——设计、安装、修复和环境影响 [M]. 北京：机械工业出版社，2011.

[6] 钟晓波，等 . 500kV 交联聚乙烯（XLPE）绝缘海底电缆工程技术 [M]. 北京：中国电力出版社，2020.

[7] 石振岳，武未祥，张磊，等 . 海上风电海底电缆铺设工艺 [J]，石油工程建设 ,2022（44）：111-114.

[8] 王佐强，章仲怡，唐友刚，等 . 海底管道敷设过程的海底拖管强度分析 [J]. 石油工程建设，2022，48（2）：23-26.

[9] 张志刚、何旭涛、丁兆冈 . 110kV 嵊泗联网工程海底电缆施工与保护技术研究 [J]，中国电业 . 2014，（5）：25-28.

[10] 胡宝年，范耀德，非开挖技术在电力电缆敷设路由中的应用 [J]，冶金动力，2008，（6）：12-14.

[11] 李银，刘永辉，叶修煜 . 水下 J 型海底电缆保护管安装施工技术 [J]，海洋工程技术，2015（3）：4-7.

[12] 冀大雄，周佳龙，钱建华，等 . 海底电缆检测方法发展现状综述 [J]. 南方电网技术，2021，15（5）：14.

[13] 王裕霜 .500kV 海底电缆浅滩铸铁套管保护实践与思考 [J]. 南方电网技术，2011，5（2）：1-3.

[14] 高媛，徐伟 . 海底电缆敷设保护的研究 [J]. 现代制造，2017，（30）：59-60.

[15] 赵波 . 海底电缆船的现状与展望 [J]. 航海技术，2016（3）：74-77.

[16] 王硕 . 海底电缆敷设船及相关施工设备研究综述 [J]. 船舶物资与市场，2022，30（3）：13-15.

[17] Zhigang Zhang, Jianxun Kuang, Guodong Chen，et al. Numerical study on trenching

performances of the underwater jet flow for submarine cable laying[J]. Applied Ocean Research, 2024.

[18] 于波，刘雁春，边刚，等 . 海洋工程测量中海底电缆的磁探测法 [J]. 武汉大学学报 (信息科学版)，2006，31（5）：454-457.

[19] "2·21" 事故调查组，广东汕头 "2·21""S" 轮钩断海底光缆触碰事故调查报告 [R]，广东：中华人民共和国广东海事局，2023.

[20] Featherstone J，Cronin A，Kordahi M，et al. Trends in submarine cable system faults[J]. 2007.

后　　记

本书详细介绍了海底电缆制造与施工技术。本书概述了海底电缆的特点及应用、海底电缆发展历史、海底电缆制造及施工对海底电缆的影响，分析了不同绝缘类型海底电缆的结构特点、交流海底电缆与直流海底电缆的差异性、动态海底电缆与静态海底电缆的差异性；论述了静态海底电缆、动态海底电缆及脐带缆的关键制造装备、产品工艺及流程，并简要介绍了海底电缆出厂检测项目；详细阐述了海底电缆的施工准备工作内容、海底电缆敷设及保护施工工序、海底电缆附件安装特点及工艺、海上平台敷设技术和登陆段穿堤施工工艺等；梳理分析了涵盖敷设船、埋设设备、导航定位系统和检测及探测设备等主要海底电缆施工装备的国内外发展现状，介绍了典型工程的实施经验。本书内容将为我国海底电缆技术的发展提供有益参考。

随着我国经济的发展，特别是在"双碳"及新型电力系统战略目标背景下，我国能源的发展战略和政策理念发生了根本性改变，构建清洁低碳、安全高效能源体系已经成为当务之急。特别是近年来，我国海上风电凭借着资源储备丰富、电网接入便利等优势已渐渐步入快车道，在今后很长一段时间内必将成为实现"双碳"目标的主战场。海底电缆在支撑远距离、大容量跨海电力传输方面将发挥越来越重要的作用。

近几年，我国海底电缆的制造与施工技术取得了巨大进步。在制造方面，实现了大直径交流 500kV 三芯海底电缆、大长度直流 ±500kV 海底电缆等技术突破；在施工方面，一大批带动力定位系统的大吨位海底电缆敷设船舶等先进装备投入使用，有力支撑了众多高电压等级海底电缆输电工程的跨越发展。展望未来，我国海底电缆的制造与施工技术还需要继续向前发展，实现新的突破，服务能源战略需求。

我国海底电缆的制造已具备 500kV 系统成套能力，但围绕低碳、环保和高性能需求，在海底电缆本体的导体、绝缘、铠装及附件的新材料技术与工艺开发方面还需要加强，交流 750kV、直流 640kV 等更高电压等级的海底电缆产品研发需要加快。在导体方面需要重点突破大截面导体结构形式、铝导体应用、异径/异质导体连接等技术；在绝缘材料方面，需要实现交直流海底电缆交联聚乙烯绝缘材料的国产化攻关及应用，持续开展环保型绝缘材料、抗焦烧绝缘材料、阻水型绝缘材料、低交联剂含量绝缘材料的研究；在铠装方面，需要重点关注高强度非金属材料替代金属作为海底电缆铠装层的材料和工艺技术、多层铠装结构及绞合技术；在附件方面，需要开展更高电压等级、更大导体截面的接头及电缆终端研制，提升整个海底电缆系统可靠性。

我国海底电缆施工技术已经满足百米深度以内的浅海区域工程需求，具备了海底电缆精准施工、多种防护施工和探测作业技术能力，但急需瞄准深远海工程场景需求，加强理论研究、提升技术、强化装备、积累经验。在施工船舶方面，要向大吨位、航海全自动化、搭载先进装备、双储缆转盘及同步敷设作业等先进敷设船舶方向攻关，同时实现海底抛石保护施工船舶的国产化突破；在施工设备方面，大力开展水下射流式冲埋机、多功能机械式开沟机、大深度犁式开沟机、抛石保护装备、施工自动控制系统等核心装备研发，满足长距离、深远海、复杂海况条件下海底电缆施工需求；在施工技术方面，需要进一步强化千米级水深、百万米级距离和风浪流复杂海况条件下施工技术的系统研究和技术储备，培育核心施工队伍。